化工原理课程设计

赵培余 高维春 单 译 主编

化学工业出版社

·北京·

内容简介

《化工原理课程设计》共包括 5 章内容,以常用化工基本单元操作为出发点,主要介绍各单元操作在仪表流程图中的管道设计要求、仪表控制要求和基本单元模式,并结合各自单元操作特点介绍相关设备的设计计算,进而介绍工艺设备条件单的填写方法。本书贴合工程设计实际,将化工单元操作工艺设计和设备设计及设备条件单的提出相融合,还介绍化工项目设计应遵循的国家法律法规、国家和行业工程设计标准规范,为学生完成化工单元工程装置系统设计提供参考。

本书可供化学工程与工艺、应用化学等专业学生用作教材,也可供相关专业从业人员作为参考之用。

图书在版编目(CIP)数据

化工原理课程设计 / 赵培余,高维春,单译主编 .
北京:化学工业出版社,2024. 6. -- ISBN 978-7-122
-46062-2

Ⅰ. TQ02-41

中国国家版本馆 CIP 数据核字第 2024B58F03 号

责任编辑:李 琰 褚红喜　　　　　　装帧设计:韩 飞
责任校对:刘 一

出版发行:化学工业出版社
　　　　　(北京市东城区青年湖南街 13 号　邮政编码 100011)
印　　装:大厂聚鑫印刷有限责任公司
787mm×1092mm　1/16　印张 12¾　字数 284 千字
2024 年 10 月北京第 1 版第 1 次印刷

购书咨询:010-64518888　　　　　　　　售后服务:010-64518899
网　　址:http://www.cip.com.cn
凡购买本书,如有缺损质量问题,本社销售中心负责调换。

定　价:39.00元　　　　　　　　　　　　　　版权所有　违者必究

《化工原理课程设计》
编写人员名单

主　编：赵培余　高维春　单　译

副主编：吴　阳　吕　丹　梁吉艳　于　杰

编写人员：张林楠　潘星艺　宋函玫　胡洋洋

前言

化工原理课程设计是与化工原理课程相配套的一个必修的实践性教学环节，主要内容是化工生产过程工艺基本单元操作的流程设计和设备计算等。本课程是从理论学习转向工程设计实际的重要本科教学环节，通过本课程的学习，可提高学生的工程计算能力、解决复杂工程问题的能力，为培养真正的化工工程师打好坚实的基础。

《化工原理课程设计》从过程工程着手，以化工工艺流程设计、设备工艺设计及设备条件单的提出为核心，形成了化工工艺设计内容的基础序列。本教材第1章阐明了化工工艺设计主要程序和内容，并具体说明化工工艺设计内容、深度、原则及方法；第2章介绍了化工工艺设计中的管道及仪表流程图的绘制要求，重点补充了流程图中常用仪表的功能标识及控制符号；第3章至第5章分别介绍了泵、换热器和精馏塔三大典型设备的工艺流程设计、仪表控制设计、基本单元模式、设备计算及其条件单的提出；本教材附录中提供了大量有机物的相关物性参数，供同学们设计时查阅参考。

在本教材的编写过程中，充分借鉴了我国化工行业的相关标准及国家规范，参考了本学科经典教材中的典型计算案例，吸收了近年来工程业务成果和丰富的实践经验，内容翔实且丰富。

由于编者水平有限，书中的疏漏和不妥之处在所难免，恳请读者批评指正。

编者

2024年4月

目 录

第1章 绪论 ··········· 001
  1.1 化工原理课程设计的目的要求和内容 ··········· 001
    1.1.1 课程设计的目的要求 ··········· 001
    1.1.2 课程设计的内容 ··········· 001
  1.2 化工工艺设计 ··········· 002
    1.2.1 工艺设计基础数据 ··········· 002
    1.2.2 工艺设计的内容 ··········· 002
  1.3 工艺设计的原则和方法 ··········· 008
    1.3.1 工艺路线的选择 ··········· 008
    1.3.2 工艺流程方案的优化 ··········· 008

第2章 管道及仪表流程图的绘制要求 ··········· 010
  2.1 管道及仪表流程图的内容 ··········· 010
  2.2 管道及仪表流程图的绘制要求 ··········· 011
    2.2.1 技术制图要求 ··········· 011
    2.2.2 图线及文字要求 ··········· 014
    2.2.3 符号及图例要求 ··········· 015
  2.3 仪表的表示 ··········· 032
    2.3.1 表示内容 ··········· 032
    2.3.2 仪表功能标志 ··········· 032
    2.3.3 常用仪表与仪表的连接线图形符号 ··········· 037
    2.3.4 仪表图形符号应用示例 ··········· 039

第3章 泵的设计 ··········· 051
  3.1 泵的基本单元模式 ··········· 051
    3.1.1 概述 ··········· 051
    3.1.2 泵管道设计的一般要求 ··········· 052
    3.1.3 泵仪表控制设计的一般要求 ··········· 056

        3.1.4 泵的基本单元模式 ……………………………………………… 058
    3.2 泵的系统特性计算 ……………………………………………………… 059
        3.2.1 泵的净正吸入压头（NPSH）计算 …………………………… 059
        3.2.2 泵的压差计算 …………………………………………………… 065
        3.2.3 泵的最大关闭压力计算 ………………………………………… 068
        3.2.4 泵的允许吸上真空高度和泵的安装高度 ……………………… 068
    3.3 泵的计算举例 …………………………………………………………… 069

第4章 换热器的设计 ……………………………………………………………… 075

    4.1 换热器的基本单元模式 ………………………………………………… 075
        4.1.1 管道设计的一般要求 …………………………………………… 075
        4.1.2 仪表控制设计的一般要求 ……………………………………… 076
        4.1.3 基本单元模式 …………………………………………………… 079
    4.2 换热器的设计 …………………………………………………………… 083
        4.2.1 换热器的分类和选用 …………………………………………… 083
        4.2.2 列管换热器的设计 ……………………………………………… 088

第5章 精馏塔的设计 ……………………………………………………………… 110

    5.1 精馏塔的基本单元模式 ………………………………………………… 110
        5.1.1 概述 ……………………………………………………………… 110
        5.1.2 精馏塔系统管道设计的一般要求 ……………………………… 111
        5.1.3 精馏塔系统仪表控制的一般要求 ……………………………… 111
        5.1.4 设备基本单元模式 ……………………………………………… 113
    5.2 塔的设计 ………………………………………………………………… 121
        5.2.1 板式塔的设计 …………………………………………………… 121
        5.2.2 填料塔的设计 …………………………………………………… 150

附录 ……………………………………………………………………………………… 174

    附录1 塔板结构参数 ……………………………………………………… 174
    附录2 常用散装填料的特性参数 ………………………………………… 175
    附录3 常用规整填料的性能参数 ………………………………………… 176
    附录4 常用有机物的密度 ………………………………………………… 177
    附录5 常用有机物的黏度 ………………………………………………… 180
    附录6 常用有机物的表面张力 …………………………………………… 185
    附录7 常用有机物的蒸气压 ……………………………………………… 189

第1章 绪 论

1.1 化工原理课程设计的目的要求和内容

1.1.1 课程设计的目的要求

化工原理课程设计是一门专业实践课,是学生学完基础课程及化工原理课之后,进一步学习化工设计的基础知识,培养学生化工设计能力的重要教学环节,也是学生综合运用化工原理课程的相关知识,联系化工生产实际,完成以化工单元操作为主的一次化工设计的实践。学生需在教师的指导下,综合运用化工原理课程和有关先修课程所学知识,独立完成以主要设备的工艺设计计算为主的化工单元设备设计,要从查阅参数、使用图表和手册、搜集数据和经验公式等开始,进行工艺设计方案概述、化工工艺过程计算及设备工艺尺寸设计并进行主要设备选型,最终完成设计说明书的编写、设备工艺条件图及生产装置工艺流程图的绘制。本课程着重培养学生具有创新意识,树立从技术上可行和经济上合理多方面考虑的工程观点,兼顾操作维修的方便和环境保护的要求,熟练掌握化工单元设备设计的基本方法。

1.1.2 课程设计的内容

课程设计一般包括如下内容。

(1) 设计方案简介

根据设计任务书所提供的条件和要求,通过对现有生产的现场调查或对现有资料的分析对比,选定适宜的流程方案和设备类型,初步确定工艺流程。对给定或选定的工艺流程、主要设备的型式进行简要的论述。

(2) 主要设备的工艺设计计算

包括工艺参数的选定,物料衡算,热量衡算,设备的工尺寸计算及结构设计。

(3) 典型辅助设备的选型和计算

包括典型辅助设备的主要工艺尺寸计算和设备型号规格的选定。

(4)带控制点的工艺流程简图

以单线图的形式绘制,标出主体设备和辅助设备的物料流向、物料量、物料管线相关参数和主要化工参数测量点。

(5)主体设备设计条件图

图中应包括设备的主要工艺尺寸、技术特性表和管口表。完整的课程设计报告由设计说明书和图纸两部分组成。设计说明书中应包括所有论述、原始数据、计算、表格等,编排顺序如下:

标题页;

设计任务书;

目录;

设计方案简介;

工艺流程草图及说明;

工艺计算及主体设备设计;

辅助设备的计算及选型;

设计结果概要或设计一览表;

对本设计的评述;

附图(带控制点的工艺流程简图、主体设备条件图);

参考文献;

主要符号说明。

1.2　化工工艺设计

1.2.1　工艺设计基础数据

在进行化工工艺设计之前,必须知道化工装置的设计生产能力、年操作时间以及装置的操作弹性;产品方案及产品、副产品规格;原材料、催化剂、化学品及公用工程的规格、消耗指标及进界区条件;化工单元操作的操作条件、转化率、收率以及建厂地区条件等设计基础数据,它们有的在工程设计合同书中已给出明确规定,有的需要由专利商提供。同时还需查阅或利用经验公式推算物系有关的焓值、黏度、密度、表面张力、热导率、扩散系数等物性参数,这些均是工艺设计的重要依据。

1.2.2　工艺设计的内容

工艺设计的依据是经批准的可行性研究报告、总体设计、工程设计合同书及设计基础资料。根据工程设计合同书的任务以及设计基础资料,即可制定相应的工艺流程。工艺流程的制定原则是选择先进、可靠的工艺技术路线,进行工艺流程方案比较,制定合理的工艺流程方案,选取合适的工艺设备,通过工艺单元操作的设计来达到装置要求的设计能力和产品质量,同时还要考虑工艺方案优化,以降低原材料消耗和能量消耗,对废物进行综合利用或进行必要的处理,尽可能减少三废的排放量,实现文明清洁生产,将对环境的影响降低到最低程度。确定生产流程后,进行工艺物料平衡计算和热量平衡计算,绘制工艺流程图(PFD),编制工艺设备数据表和公用工程平衡图,确定公用工程、环保的设计原则和排出物治理的基本原则等。

1.2.2.1 设计基础

装置的生产能力及产品方案;工艺生产对原材料、催化剂、化学品及公用工程的规格要求;产品和副产品规格;工艺过程的收率、转化率;原材料、催化剂、化学品及公用工程消耗定额;三废排放量及规格;生产定员、工艺技术指标和需要说明的安全生产要求。

1.2.2.2 工艺流程说明

工艺流程说明一般应包括以下内容。

(1) 生产方法,说明所采用的工艺技术路线及其依据,从工艺、设备、自控、操作和安全等方面说明装置的工艺特点及各操作单元的作用。

(2) 工艺说明,按照工艺流程顺序,详细叙述生产过程,包括有关的化学反应方程式及反应机理、采用的催化剂及反应温度、压力、配比等主要操作条件,主要设备的特点及其操作温度、压力、流量及控制指标等操作要点,控制、联锁方案、控制原理以及副产品的回收利用、三废处理方案等。

(3) 生产过程的主要危险、危害因素分析。

1.2.2.3 工艺流程图

1. 方框流程图

方框流程图(见图1.2.2-1)是在工艺路线选定后,对工艺流程进行概念性设计时完成的一种流程图,不编入设计文件。工艺流程草(简)图(见图1.2.2-2)是一个半图解式的工艺流程图,它实际上也是一种方框流程图,只是示意出工艺流程中各装置间的相互关系,供工艺模拟计算时使用,也不列入设计文件;工艺物料流程图(PFD)及初版的管道及仪表流程图(PID)应列入初步设计阶段的设计文件中。各版的管道及仪表流程图(PID)则应列入施工图设计阶段的设计文件中。

2. 工艺物料流程图

工艺物料流程图又称PFD图,是工程项目设计的一个指导性文件,是各有关专业开展工作的依据之一。PFD的设计是化工装置设计过程的一个重要阶段,在PFD的设计过程中,要完成工艺流程的设计、操作参数及主要控制方案的确定和设备尺寸的计算,它是从工艺方案过渡到化工工艺流程设计的重要工序之一,因此通常按版次逐渐深化。

PFD的主要设计内容如下。

a. 全部工艺物料和产品所经过的设备,标示关键设备外形以及有无搅拌、夹套等技术特征,注明设备名称及其位号、设备的操作温度和操作压力等主要技术规格和工艺参数;

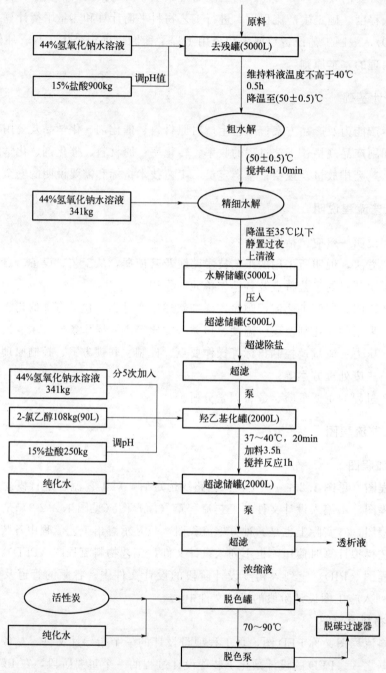

图 1.2.2-1 某工艺方框流程图

b. 主要的物料管道,并标出进出装置界区的流向;

c. 物流走向及物流号,以及与物流号相对应的物料平衡数据表,表中须给出必要的工艺数据(如物流组成、温度、压力、状态、质量和质量流量及其分率,以及物流的密度、焓值、黏度等物性数据,设备的热负荷等);

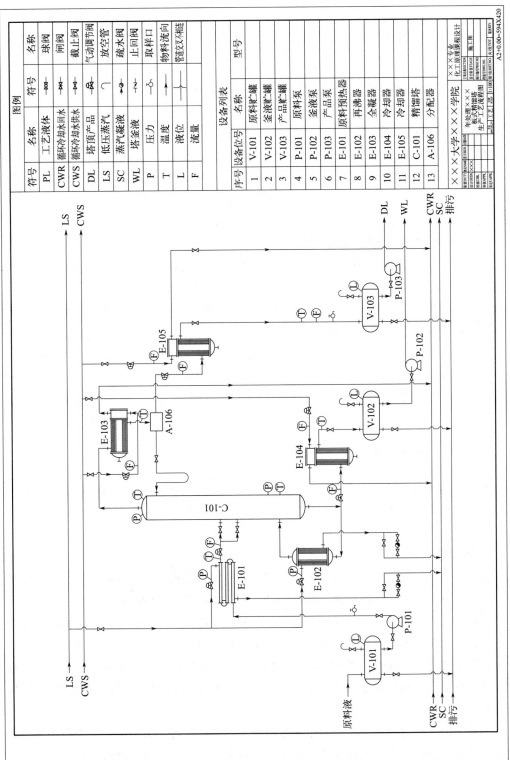

图 1.2.2-2 某工艺流程草图

d. 特殊阀门的位置、物流间的相互联系等与工艺有关的信息；

e. 主要控制点、控制回路、联锁方案以及与其相关的仪表和调节阀等；

f. 冷却水、冷冻盐水、工艺用压缩空气、蒸汽（不包括副产蒸汽）及蒸汽冷凝液系统等用户使用点的进出位置；

g. 图例及图面上必要的说明和注解。

h. 单元设备的典型设计，化工生产过程中需要使用各种单元操作设备，每一单元操作设备对PFD的设计均有一定的要求。

3. 管道及仪表流程图

管道及仪表流程图又称 PID (Piping & Instrumentation Diagram)。某项目 PID 图见图 1.2.2-3。管道及仪表流程图在工艺包阶段就开始形成初版，随着设计阶段的深入，不断补充完善，直到施工图设计阶段完成，是施工图设计阶段的主要设计成品之一。它反映的是工艺设计流程、设备设计、管道布置设计、自控仪表设计的综合成果。

4. 公用工程管道及仪表流程图

生产工艺流程中必须使用的工艺用水（包括作为原料的软水、冷却水、溶剂用水以及洗涤用水等）、蒸汽（原料用汽、加热用汽、动力用汽及其它用汽等）、仪表空气、压缩空气、氮气以及冷冻、真空等公用工程都是工艺流程中要考虑的配套设施。至于生产用电、给排水、空调采暖通风等公用工程都是与其它专业密切配合的，完成这些公用工程设计所对应的设计文件就是公用工程管道及仪表流程图（UID, Utility and Instrument Diagram）。在 UID 图中须标出与公用工程有关的设备、管线的设计参数及仪表控制方案，但在管道及仪表流程图中已经标识出的公用物料仪表不得重复出现，以免仪表材料重复统计。

1.2.2.4 物料和热量衡算

工艺设计的重要任务就是进行工艺过程的物料衡算、热量衡算，通过不同方案的流程模拟可以找到比较合理和优化的工艺操作条件，还可以提供一套完整的全流程物料平衡和热量平衡数据。

1. 物料衡算

物料衡算就是根据质量守恒定律确定原料和产品间的定量关系，计算出原料和辅助材料的用量、各种中间产品、副产品、成品的产量和组成以及三废的排放量。

物料衡算是进行化工工艺设计和设备设计的基础，通常完成物料衡算后才能进行能量衡算，进而进行工艺方案的比选，指导设备的工艺计算及选型、仪表选型、管道尺寸计算等，完成化工过程的 PFD 和 PID 的设计。另外，通过物料衡算还可以分析实际生产过程是否完善，从而找出相应措施来改进工艺流程，达到提高收率、减少副产物和降低三废排放量等目的。

生产装置的工艺流程通常是由多个工序组成，在进行物料衡算时可采用顺程法从原料进入系统开始，沿物料走向进行计算；也可采用返程法由产品开始逆物料流程方向进行计算。对于一些复杂的工艺过程，常常同时采用顺程法和返程法进行物料衡算。

第 1 章 绪论

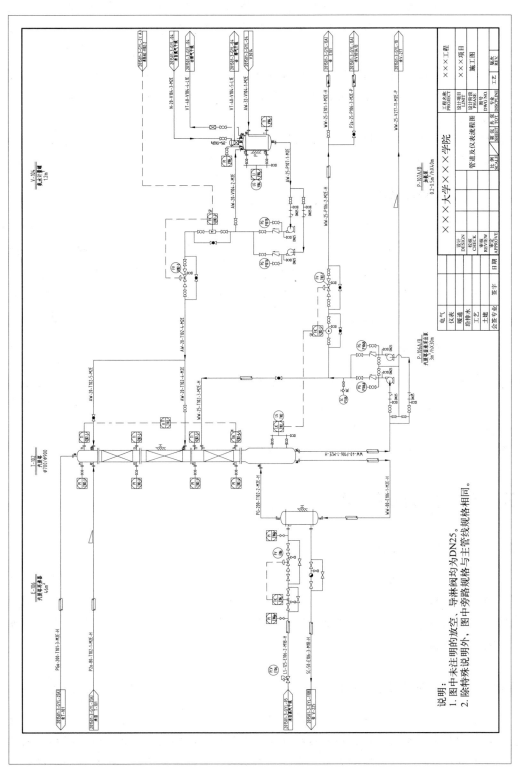

图 1.2.2-3 某项目 PID 图

2. 热量衡算

在生产过程中能量消耗是一项重要的技术经济指标，它是衡量生产方法是否合理、先进的重要标志之一。热量衡算是在物料衡算的基础上依据能量守恒定律，定量表示工艺过程的能量变化，计算需要外界提供的能量或系统可输出的能量，由此确定加热剂或冷却剂的用量、机泵等输送设备的功率以及换热设备的尺寸。此外，通过整个工艺过程的能量衡算还可以得出过程的能耗指标，分析工艺过程的能量利用是否合理，以便节能降耗，提高过程的能量利用水平。

工艺专业在完成全过程物料、热量衡算后，应把主要计算结果列于物料平衡表上，也可直接表示在工艺流程图上。

1.2.2.5 工艺设备数据表

工艺设备数据表是工艺系统、设备、机泵等专业设计的依据，它可分为反应器数据表、填料塔数据表、板式塔数据表、容器数据表、换热器数据表、工业炉数据表、泵类设备数据表、压缩机/鼓风机数据表等。在各数据表中应列出设备位号、设备名称、介质名称、操作压力与操作温度、设计压力与设计温度、材质要求、传动机械要求及特殊的、关键的设备条件和设备的外形尺寸，还应列出工艺设备计算时的输入条件和计算结果。

1.2.2.6 工艺设备一览表

工艺设备一览表为装置界区范围内全部工艺设备的汇总表，用来表示装置工艺设备的概况。工艺设备一览表是根据工艺流程和工艺设备计算的数据进行编制，一般按反应器类、塔器类、容器类、换热器类、工业炉类、泵类、压缩机（风机）类、机械类及其它类进行编制，表中应说明设备名称、位号、设备数量、主要规格以及设计和操作条件。

1.3 工艺设计的原则和方法

1.3.1 工艺路线的选择

工艺路线的选择包括原料路线的选择和工艺路线的选择。某些化工产品的生产，可以采用不同的原料和不同的工艺路线，须综合考虑原料的来源、生产成本和环境污染等因素后确定合适的原料路线。原料路线确定后，再根据工艺技术的先进性、合理性和可靠性确定适宜的工艺路线。

1.3.2 工艺流程方案的优化

史密斯和林霍夫对全过程的开发和设计提出的"洋葱头"模型，十分直观地表示了反应系统的开发和设计是核心，它为分离系统规定了处理物料的条件，而反应系统和分离系统又规定了过程的冷、热物流的流量和换热的热负荷，最后才是公用工程系统的选择和设计。"洋葱头"模型见图1.3.2-1。

"洋葱头"模型强调了过程开发和设计的有序和分层性质,也表明了反应系统和分离系统的开发和设计是关键,因此工艺流程方案的优化应主要集中在反应系统和分离系统的优化,一旦确定了反应系统和分离系统,即能对换热网络和公用工程系统进行设计,有效地开发和设计出全过程最优或接近最优的流程。对此史密斯和林霍夫提出全流程热集成的设计开发概念,其步骤为:

(1) 根据经验规则初步建立反应系统和分离系统的流程。

图1.3.2-1 "洋葱头"模型

(2) 变化主要的设计优化变量,如反应的转化率、惰性物质循环的浓度等,确定每组变量:

a. 反应系统和分离系统中主要设备的投资及原材料的消耗;

b. 利用夹点分析法确定换热网络和公用工程消耗的最佳总费用。

(3) 建立全过程总费用与主要优化变量之间的关系,其总费用包括:

a. 反应系统和分离系统中主要设备的投资费用;

b. 原材料的消耗和除换热网络和公用工程之外反应系统和分离系统的操作费用;

c. 换热网络和公用工程消耗的最佳总费用。

(4) 确定最佳条件,并对全流程调优。

(5) 对其它备选流程重复上述步骤,最后比较各流程的总费用,获得最佳流程。

第2章 管道及仪表流程图的绘制要求

2.1 管道及仪表流程图的内容

本节以工艺管道仪表流程图（初版）为编写对象。工艺系统专业人员在确定工艺流程图（PFD图）后，开始管道仪表流程图的设计工作，但不必待工艺流程图设计全部结束后才开始，以缩短设计周期。本版图应反映出工艺、设备、配管、仪表等组成部分的关系，用于装置内设备布置、主要管道走向、特殊管道和管架的研究，也便于自控等相应专业开展基础工程设计。工艺管道仪表流程图（初版）至少包括以下内容。

（1）设备表中全部列有位号并需就位的设备、机械、驱动机及备台，如有待定的设备，要在备注栏中说明。需填写设备位号，并对主要技术数据、结构材料进行初步标注。未确定的设备、机械和成套供货设备、机械中的单个设备，可用图形符号的通用符号或中线条长方框表示。

（2）主要工艺物料管道包括间断使用管道，须标注物料代号、公称通径、管道顺序号、管道等级和隔热、隔声代号，要标明物料的流向。

（3）与设备或管道相连接的一小段辅助物料，公用物料连接管，标注物料代号、公称通径、公用物料类别，可不标注管道顺序号、管道等级和隔热、隔声代号，要标明介质流向。

（4）采用图形符号的通用符号来表示对工艺生产起控制、调节作用的主要阀门。管道上的次要阀门、管件、特殊管（阀）件不体现，如果要体现，也不用编号和标注。

（5）主要安全阀和爆破片，不标注尺寸，不编号。

（6）控制阀（不标注，不标注尺寸，无编号，不加旁路阀）和控制阀的特殊要求。

（7）用简化图示法表示主要测量与控制仪表回路功能标识（其中的一次元件、变送器、辅助仪表和附件等可不一一画出，亦可无回路编号），标明仪表显示和（或）控制的位置。

（8）管道材料的特殊要求（如：合金材料、非金属材料、高压管道等）或表示管道等级。

(9) 管道的始终点、排放去向、泄压系统和释放系统要求。

(10) 界区交接和管道仪表流程图间接续。

(11) 必需的设备关键标高（最小尺寸）和关键的设计尺寸，对设备、管道、仪表有特定布置的要求和其他关键的设计要求说明（如：配管对称要求，真空管路等）。

(12) 成套（配套）设备范围（初步）和设计单位分工范围（如果有）。

(13) 首页图上文字代号、缩写字母、各类图形符号以及仪表图形符号。工程的工序编号表。

(14) 辅助物料、公用物料管道仪表流程图和装置间的管道仪表流程图只做准备工作，通常不发初版。

2.2 管道及仪表流程图的绘制要求

2.2.1 技术制图要求

为了使绘图更易于理解，人们使用熟悉的符号、透视图、测量单位、符号系统、视觉样式和页面布局。我国 GB/T 14689—2008《技术制图 图纸幅面和格式》中规定了图纸的幅面尺寸和格式以及有关的附加符号。

2.2.1.1 图纸幅面尺寸

绘制技术图样时，应优先采用表 2.2.1-1 所规定的基本幅面。必要时，也允许选用表 2.2.1-2 和表 2.2.1-3 所规定的加长幅面。这些幅面的尺寸是由基本幅面的短边成整数倍增加后得出，如图 2.2.1-1 所示。

表 2.2.1-1 基本幅面（第一选择）　　　　　　　　　　　单位：mm

幅面代号	尺寸 $B \times L$
A0	841×1189
A1	594×841
A2	420×594
A3	297×420
A4	210×297

表 2.2.1-2 加长幅面（第二选择）　　　　　　　　　　　单位：mm

幅面代号	尺寸 $B \times L$
A3×3	420×891
A3×4	420×1189
A4×3	297×630
A4×4	297×841
A4×5	297×1051

表 2.2.1-3　加长幅面（第三选择）　　　　　　　单位：mm

幅面代号	尺寸 $B \times L$
A0×2	1189×1682
A0×3	1189×2523
A1×3	841×1783
A1×4	841×2378
A2×3	594×1261
A2×4	594×1682
A2×5	594×2102
A3×5	420×1486
A3×6	420×1783
A3×7	420×2080
A4×6	297×1261
A4×7	297×1471
A4×8	297×1682
A4×9	297×1892

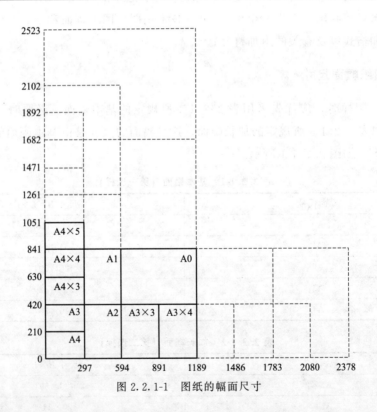

图 2.2.1-1　图纸的幅面尺寸

在工艺设计施工图中，将设计中所采用的部分规定以图表形式绘制成首页图，以便更好地了解和使用各设计文件，首页图图幅大小可根据内容而定，一般为 A1 图幅，特殊情况可采用 A0 图幅。

管道及仪表流程图应采用标准规格的 A1 图幅。横幅绘制，流程简单者可用 A2 图幅。

2.2.1.2 图框格式

在图纸上必须用粗实线画出图框,其格式分为不留装订边和留有装订边两种,但同一产品的图样只能采用一种格式。

不留装订边的图纸,其图框格式如图 2.2.1-2、图 2.2.1-3 所示,尺寸按表 2.2.1-4 的规定。

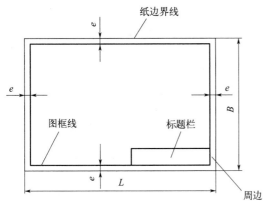

图 2.2.1-2 无装订边图纸(X型)的图框格式　　图 2.2.1-3 无装订边图纸(Y型)的图框格式

表 2.2.1-4　图框尺寸　　　　　　　　　　　单位：mm

幅面代号	A0	A1	A2	A3	A4
$B \times L$	841×1189	594×841	420×594	294×420	210×297
e	20			10	
c	10			5	
a	25				

留有装订边的图纸,其图框格式如图 2.2.1-4、图 2.2.1-5 所示,尺寸按表 2.2.1-4 的规定。

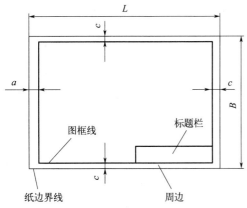 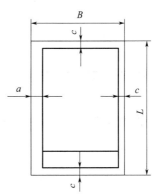

图 2.2.1-4 有装订边图纸(X型)的图框格式　　图 2.2.1-5 有装订边图纸(Y型)的图框格式

加长幅面的图框尺寸，按所选用的基本幅面大一号的图框尺寸确定。例如 A2×3 的图框尺寸，按 A1 的图框尺寸确定，即 e 为 20（或 c 为 10），而 A3×4 的图框尺寸，按 A2 的图框尺寸确定，即 e 为 10（或 c 为 10）。

2.2.1.3 管道及仪表流程图的一般图面安排

管道及仪表流程图的一般图面安排不宜太挤，四周均留有一定空隙，推荐的与边框线的最小距离和一般图面安排如图 2.2.1-6 所示。

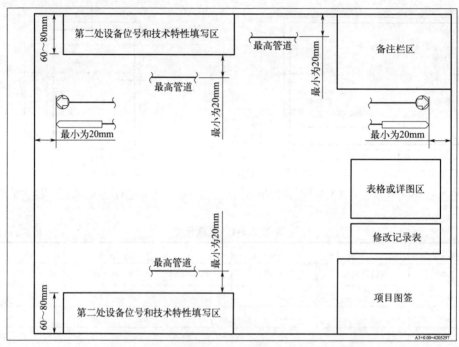

图 2.2.1-6 管道及仪表流程图的一般图面布置

图中的备注栏、详图、表格可根据图面安排，在有空的位置上表示，不局限于图 2.2.1-6 所示的位置。

推荐在 0 号（A0）标准尺寸图纸上的设备不多于 8 台，1 号（A1）标准尺寸图纸上的设备不多于 5 台，在一张 PID 图上的设备台数不宜太多。

2.2.2 图线及文字要求

2.2.2.1 图线要求

所有图线都要清晰光洁、均匀，宽度应符合要求。平行线间距至少要大于 1.5mm，以保证复制件上的图线不会分不清或重叠。

图线宽度分三种：粗线 0.6~0.9mm；中粗线 0.3~0.5mm；细线 0.15~0.25mm。

图线用法的一般规定见表 2.2.2-1。

表 2.2.2-1　图线用法及宽度

类别		图线宽度 mm			备注
		0.6~0.9	0.3~0.5	0.15~0.25	
工艺管道及仪表流程图		主物料管道	其它物料管道	其它	设备、机器轮廓线 0.25mm
辅助管道及仪表流程图公用系统管道及仪表流程图		辅助管道总管、公用系统管道总管	支管	其它	
设备布置图		设备轮廓	设备支架设备基础	其它	动设备(机泵等)如只绘出设备基础,图线 0.6~0.9mm
设备管口方位图		管口	设备轮廓设备支架设备基础	其它	
管道布置图	单线(实线或虚线)	管道		法兰、阀门及其它	
	双线(实线或虚线)		管道		
管道轴侧图		管道	法兰、阀门、承插焊螺纹连接的管件的表示线	其它	
设备支架图管道支架图		设备支架及管架	虚线部分	其它	
特殊管件图		管件	虚线部分	其它	

注：凡界区线、区域分界线、图形接续分界线的图线采用双点划线，宽度均用 0.5mm。

2.2.2.2　文字要求

汉字宜采用长仿宋体或者正楷体（签名除外），并要以国家正式公布的简化字为标准，不得任意简化、杜撰。

字体高度参照表 2.2.2-2 选用。

表 2.2.2-2　图线用法及宽度

书写内容	推荐字高/mm
图表中的图名及视图符号	5~7
工程名称	5
图纸中的文字说明及轴线号	5
图纸中的数字及字母	2~3
图名	7
表格中的文字	5
表格中的文字（格高小于6mm时）	3

2.2.3　符号及图例要求

在工艺设计施工图中，将设计中所采用的部分规定以图表形式绘制成首页图，以便更好地了解和使用各设计文件，见图 2.2.3-1。

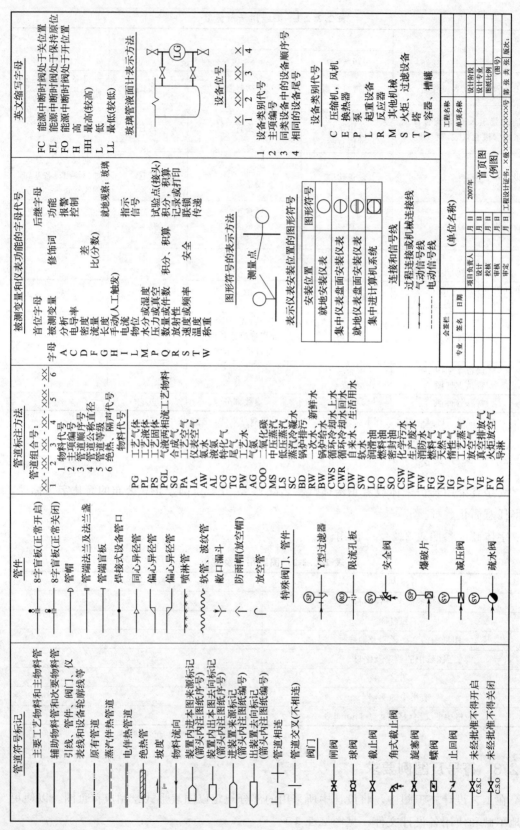

图 2.2.3-1 首页图（例图）

2.2.3.1 管道及仪表流程图中设备、机器图例

化工工艺设计施工图中管道及仪表流程图的绘制过程中,各设备和机器图例的尺寸和比例可在一定范围内调整。一般在同一工程项目中,同类设备的外形尺寸和比例应有一个定值或规定范围。图形线条宽度为 0.15mm 或 0.25mm。

图例中未举例的设备(机器)的图例可采用下述方法予以解决。

(1) 根据设备、机器的具体类别、形状和内外特征,参考本规定编制新的图例。

(2) 参照或选用其它有关专业的图例规定。

(3) 必要时以一长方形框(或方框)代表,框内注明设备位号及名称。

(4) 设备、机器本身必须标示的附件,如卸料孔、集液包、人孔、膨胀节等可用一些简单明了的图形符号附加在相应的图例上。

管道及仪表流程图中设备、机器图例见表 2.2.3-1。

表 2.2.3-1 管道及仪表流程图中设备、机器图例

类别	代号	图例
塔	T	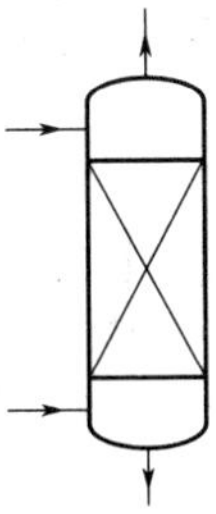 填料塔 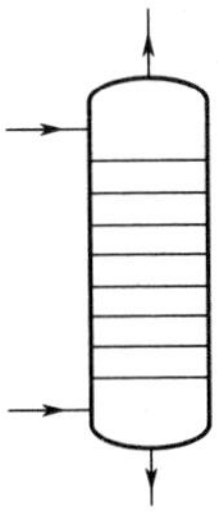　板式塔 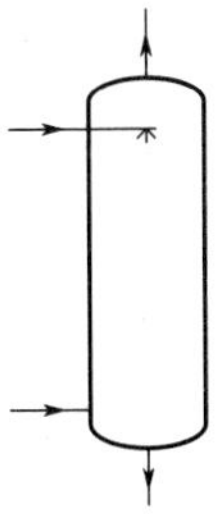　喷洒塔
塔内件		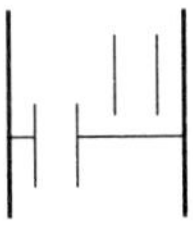 降液管 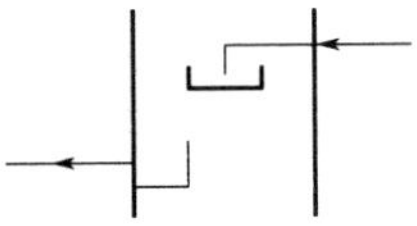　受液盘 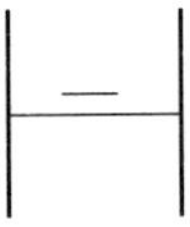　浮阀塔塔板 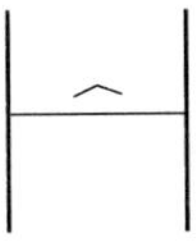 泡罩塔塔板 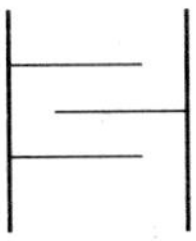　格栅板 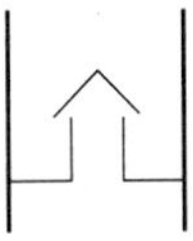　升气管 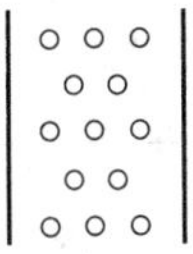 湍球塔 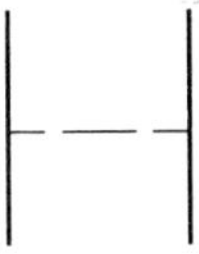　筛板塔塔板 　分配(分布)器、喷淋器 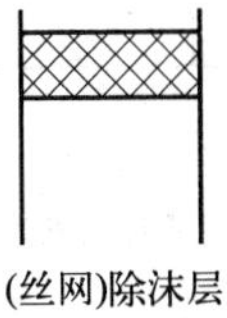 (丝网)除沫层 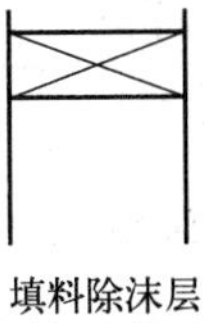　填料除沫层

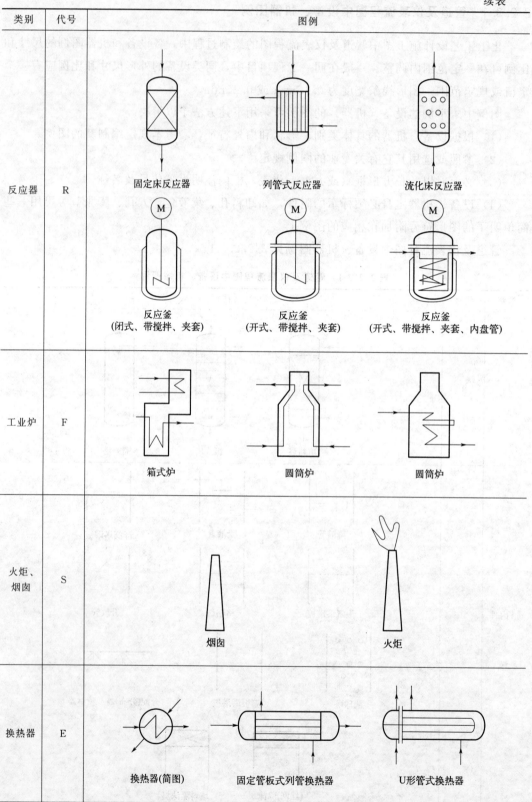

续表

续表

类别	代号	图例
换热器	E	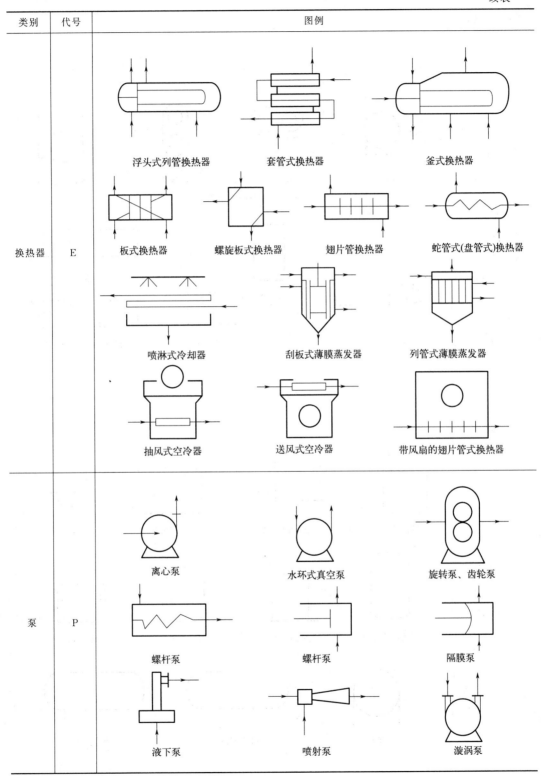 浮头式列管换热器　套管式换热器　釜式换热器 板式换热器　螺旋板式换热器　翅片管换热器　蛇管式(盘管式)换热器 喷淋式冷却器　刮板式薄膜蒸发器　列管式薄膜蒸发器 抽风式空冷器　送风式空冷器　带风扇的翅片管式换热器
泵	P	离心泵　水环式真空泵　旋转泵、齿轮泵 螺杆泵　螺杆泵　隔膜泵 液下泵　喷射泵　漩涡泵

续表

类别	代号	图例
压缩机	C	鼓风机　　(卧式)　(立式)　　离心式压缩机 　　　　　　　旋转式压缩机 往复式压缩机　　二段往复式压缩机(L形)　　四段往复式压缩机(H形)
容器	V	锥顶罐　　(地下/半地下)池、槽、坑　　浮顶罐　　圆顶锥底容器 蝶形封头容器　　平顶容器　　干式气柜　　湿式气柜 球罐　　卧式容器　　卧式容器

第 2 章 管道及仪表流程图的绘制要求

续表

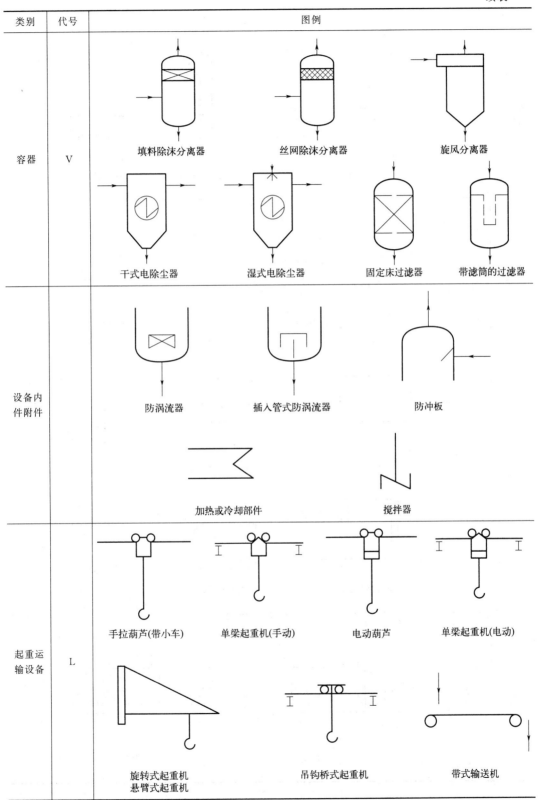

续表

类别	代号	图例		
起重运输机械	L	刮板输送机	斗式提升机	手推车
称量机械	W	带式定量给料秤		地上衡
其他机械		压滤机	转鼓式(转盘式)过滤机	有孔壳体离心机
		无孔壳体离心机	螺杆压滤机	挤压机
其他机械	M	揉合机	混合机	

续表

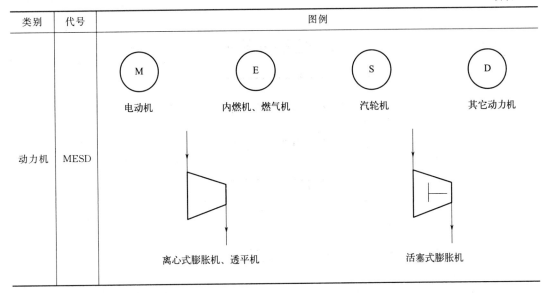

类别	代号	图例
动力机	MESD	M 电动机　　E 内燃机、燃气机　　S 汽轮机　　D 其它动力机 离心式膨胀机、透平机　　　　　　　　活塞式膨胀机

2.2.3.2 管道及仪表流程图中管道、管件、阀门及管道附件图例

管道及仪表流程图中管道、管件、阀门及管道附件图例见表2.2.3-2，阀门图例尺寸一般为长4mm、宽2mm或长6mm、宽3mm。线条规定按本章2.2.2节执行。

图例中没有列出的可采用下述方法解决：

（1）将实物的外形和特征予以简化。

（2）必要时以一长方形框（或方框）并加注适当文字说明来表示。

表2.2.3-2　图例

名称	图例	备注
主物料管道	———	粗实线
次要物料管道，辅助物料管道	———	中粗线
引线、设备、管件、阀门、仪表图形符号和仪表管线等	———	细实线
原有管道（原有设备轮廓线）	—·—·—	管线宽度与其相接的新管线宽度相同
地下管道（埋地或地下管沟）	— — —	
蒸汽伴热管道	═══	
电伴热管道	≡≡≡	
夹套管	⊢═⊣ ⊢═⊣	夹套管只表示一段

续表

名称	图例	备注
管道绝热层		绝热层只表示一段
翅片管		
柔性管		
管道相接		
管道交叉(不相连)		
地面		仅用于绘制地下、半地下设备
管道等级管道编号分界		××××表示管道编号或管道等级代号
责任范围分界线		WE 随设备成套供应 B. B 买方负责； C. B. V 制造厂负责； B. S 卖方负责； C. B. I 仪表专业负责；
绝热层分界线		绝热层分界线的标识字母"X"与绝热层功能类型代号相同
伴管分界线		伴管分界线的标识字母"X"与伴管的功能类型代号相同
流向箭头		
坡度	i=	
进、出装置或主项的管道或仪表信号线的图纸接续标志，相应图纸编号填在空心箭头内		尺寸单位:mm 在空心箭头上方注明来或去的设备位号或管道号或仪表位号
同一装置或主项内的管道或仪表信号线的图纸接续标志，相应图纸编号的序号填在空心箭头内		尺寸单位:mm 在空心箭头附件注明来或去的设备位号或管道号或仪表位号
修改标记符号		三角形内的"1"表示为第一次修改

续表

名称	图例	备注
修改范围符号		云线用细实线表示
取样、特殊管（阀）件的编号框	A　SV　SP	A:取样;SV:特殊阀门;SP:特殊管件;圆直径:10mm
闸阀		
截止阀		
节流阀		
球阀		圆直径:4mm
旋塞阀		圆黑点直径:2mm
隔膜阀		
角式截止阀		
角式节流阀		
角式球阀		
三通截止阀		
三通球阀		
三通旋塞阀		
四通截止阀		
四通球阀		
四通旋塞阀		

续表

名称	图例	备注
止回阀		
柱塞阀		
蝶阀		
减压阀		
角式弹簧安全阀		阀出口管为水平方向
角式重锤安全阀		阀出口管为水平方向
直流截止阀		
疏水阀		
插板阀		
底阀		
针形阀		
呼吸阀		
带阻火器呼吸阀		
阻火器		
视镜、视钟		
消声器		在管道中
消声器		放大气
爆破片		真空式　压力式

续表

名称	图例	备注
限流孔板	RO (多板) RO (单板)	圆直径:10mm
喷射器		
文氏管		
Y形过滤器		
锥形过滤器		方框 5mm×5mm
T形过滤器		方框 5mm×5mm
罐式(篮氏)过滤器		方框 5mm×5mm
管道混合器		
膨胀节		
喷淋管		
焊接连接		仅用于表示设备管口与管道为焊接连接
螺纹管帽		
法兰连接		
软管接头		
管端盲板		
管端法兰(盖)		
阀端法兰(盖)		
管帽		
阀端丝堵		
管端丝堵		
同心异径管		

续表

名称	图例		备注
偏心异径管	 (底平)	(顶平)	
圆形盲板	(正常开启)	(正常关闭)	
8字盲板	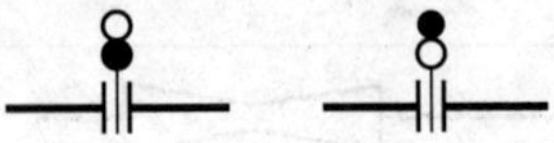 (正常关闭)	(正常开启)	
放空管(帽)	(帽)	(管)	
漏斗	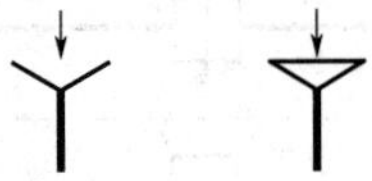 (敞口)	(封闭)	
鹤管			
安全淋浴器			
洗眼器			
安全喷淋洗眼器			
	 C.S.O		未经批准,不得关闭(加锁或铅封)
	 C.S.C		未经批准,不得关闭(加锁或铅封)

2.2.3.3 设备名称和位号

工艺流程图中所画设备,需标注出设备的位号,每台设备只编一个位号,设备位号在流程图、设备布置图及管道布置图中书写时,在规定的位置画一条粗实线-设备位号线,线上方书写设备位号,线下方在需要时可书写设备名称,当工程需要,可标注流体名称、工作和设计数据（如温度、压力值等）。

设备位号由四个单元组成，如下所示：

$$P \quad 03 \quad 01 \quad A$$
$$(1) \quad (2) \quad (3) \quad (4)$$

（1）设备类别代号

按设备类别编制不同的代号，一般取设备英文名称的第一个字母（大写）做代号，具体规定如表2.2.3-3。

表 2.2.3-3　设备类别代号

设备类别	代号	设备类别	代号
塔	T	火炬、烟囱	S
泵	P	容器(槽、罐)	V
压缩机、风机	C	起重运输设备	L
换热器	E	计量设备	W
反应器	R	其它机械	M
工业炉	F	其它设备	X

（2）设备所在主项的编号

采用两位数字，从 01 开始，最大为 99。特殊情况下允许以主项代号作为主项编号。

（3）设备顺序号

按同类设备在工艺流程中流向的先后顺序编制，采用两位数字，从 01 开始，最大为 99。

（4）相同设备的数量尾号

两台或两台以上相同设备并联时，它们的位号前三项完全相同，用不同的数量尾号予以区别。按数量和排列顺序依次以大写英文字母 A、B、C……作为每台设备的尾号。

设备位号举例如下：

(a) 机泵类

P0331A
进料泵　　$1.2m^3/h$，0.08/0.15MPa
　　　　　陶质材料 1.2kW

(b) 换热器、工业炉类

E0303
进料冷却器
$3.2 \times 10^6 kJ/h$

(c) 塔、反应器、槽罐类

T0314　　　　　　R0301　　　　　　V0301
精馏塔　　　　　　反应器　　　　　　混合气球罐
$1000ID \times 23500TL/TL$　　$800ID \times 3000TL/TL$　　$12410ID$，$400m^3$
C.S.　　　　　　T：C.S.　　　　　　C.S.
　　　　　　　　　S：C.S.

2.2.3.4 管道的标注

管道及仪表流程图的管道应标注的内容为四个部分,即管段号(由三个单元组成)、管径、管道等级和隔绝热(或隔声),总称为管道组合号。管段号和管径为一组,用一短横线隔开;管道等级和绝热(或隔声)为另一组,用一短横线隔开,两组间留适当的空隙。水平管道宜平行标注在管道的上方,竖直管道宜平行标注在管道的左侧。在管道密集、无处标注的地方,可用细实线引至图纸空白处水平(竖直)标注。管道标注如下:

$$\underset{\text{第1单元}}{PG} - \underset{\text{第2单元}}{13} \quad \underset{\text{第3单元}}{10} - \underset{\text{第4单元}}{300} \quad - \quad \underset{\text{第5单元}}{A1A} - \underset{\text{第6单元}}{H}$$

(1) 第1单元为物料代号,见表2.2.3-4。

表2.2.3-4 管道物料代号

物料	代号	物料	代号	物料	代号
(1)工艺物料代号					
工艺空气	PA	工艺水	PW	液固两相流工艺物料	PLS
工艺液体	PL	气固两相流工艺物料	PGS	气液两相流工艺物料	PGL
工艺气体	PG	工艺固体	PS		
(2)辅助、公用工程物料代号					
空气	AR	仪表空气	IA	气体丙烯或丙烷	PRG
压缩空气	CA	低压蒸汽	LS	液体丙烯或丙烷	PRL
高压蒸汽	HS	蒸汽冷凝水	SC	冷冻盐水回水	RWR
中压蒸汽	MS	消防水	FW	冷冻盐水上水	RWS
伴热蒸汽	TS	热水回水	HWR	氢	H
锅炉给水	BW	热水上水	HWS	氮	N
化学污水	CSW	原水、新鲜水	RW	液氨	AL
循环冷却水回水	CWR	软水	SW	气体乙烯或乙烷	ERG
循环冷却水上水	CWS	生产废水	WW	液体乙烯或乙烷	ERL
脱盐水	DNW	固体燃料	FS	氟里昂气体	FRG
饮用水、生活用水	DW	天然气	NG	真空排放气	VE
燃料气	FG	液化天然气	LNG	放空	VT
液体燃料	FL	污油	DO	液氨	AL
液化石油气	LPG	燃料油	FO	氧	O

续表

物料	代号	物料	代号	物料	代号
原油	RO	填料油	GO	排液、导淋	DR
密封油	SO	润滑油	LO	熔盐	FSL
导热油	HO	气氨	AG	火炬排放气	FV
泥浆	SL	废气	WG	惰性气	TG
废渣	WS	废油	WO	烟道气	FLG
催化剂	CAT	添加剂	AD		

（2）第2单元为主项编号，按工程规定的主项编号填写，采用两位数字，从01开始，至99为止。

（3）第3单元为管道序号，相同类别的物料在同一主项内以流向先后为序，顺序编号，采用两位数字，从01开始，至99为止。

以上三个单元组成管段号。

（4）第4单元为管道规格，一般标注公称通径，以mm为单位，只注数字，不注单位。如DN200的公制管道，只需标注"200"，2英寸的英制管道，则表示为"2""。

（5）第5单元为管道等级。首字母为公称压力等级代号；中间数字为顺序号，用阿拉伯数字表示，由1～9组成。在压力等级和管道材质类别代号相同的情况下，可以有九个不同系列的管道材料等级；尾字母为管道材质类别代号，具体见表2.2.3-5。

表2.2.3-5 管道压力等级及材质类别代号的规定

	ASME标准的公称压力等级代号		国内标准的公称压力等级代号		管道材质类别代号	
1	A	150LB(2MPa)	H	0.25MPa	A	铸铁
2	B	300LB(5MPa)	K	0.6MPa	B	碳钢
3	C	400LB	L	1.0MPa	C	普通低合金钢
4	D	600LB(11MPa)	M	1.6MPa	D	合金钢
5	E	900LB(15MPa)	N	2.5MPa	E	不锈钢
6	F	1500LB(26MPa)	P	4.0MPa	F	有色金属
7	G	2500LB(42MPa)	Q	6.4MPa	G	非金属
8			R	10.0MPa	H	衬里及内防腐
9			S	16.0MPa		
10			T	20.0MPa		
11			U	22.0MPa		
12			V	25.0MPa		
13			W	32.0MPa		

(6) 第 6 单元为绝热或隔声代号，按绝热及隔声功能类型的不同，以大写英文字母作为代号，见表 2.2.3-6。

表 2.2.3-6 管道绝热或隔声代号

代号	功能类型	备注	代号	功能类型	备注
H	保温	采用保温材料	S	蒸汽伴热	采用蒸汽伴管和保温材料
C	保冷	采用保冷材料	W	热水伴热	采用热水伴管和保温材料
P	人身防护	采用保温材料	O	热油伴热	采用热油伴管和保温材料
D	防结露	采用保冷材料	J	夹套伴热	采用夹套管和保温材料
E	电伴热	采用电热带和保温材料	N	隔声	采用隔声材料

当工艺流程简单、管道品种规格不多时，则管道组合号中的第 5、6 两单元可省略。第 4 单元管道尺寸可直接填写管子的外径×壁厚，并标注工程规定的管道材料代号。

以下情况，管道及仪表流程图中的管道可省略管道标注：

(1) 阀门、管路附件的旁路管道，例如调节阀的旁路，管道过滤器的旁路，疏水阀的旁路，大阀门的开启旁路等。

(2) 管道上直接排入大气的放空短管以及就地排放的短管，阀后直排大气无出气管的安全阀前入口管等，管道和短管连同它们的阀门、管件均编入其所在的（主）管道中。

(3) 设备管口与设备管口直连，中间无短管者（如重叠直连的换热器接管）。

(4) 直接连于设备管口的阀门或盲板（法兰盖）等；这些阀门、盲板（法兰盖）仍要在管道综合材料表中作为附件予以统计。

(5) 仪表管道。

(6) 卖方（或制造厂）在成套设备（机组）中提供的管道及管件等（卖方提供了管道仪表流程图或管道布置图）。其材料应在材料表中予以统计。

2.3 仪表的表示

管道仪表流程图上要以规定的图形符号和文字代号表示出在设备、机械、管道和仪表站上的全部仪表。

2.3.1 表示内容

各类仪表（检测、显示、控制等）功能，测量点，从设备、阀门、管件轮廓线或管道引到仪表圆圈的各类连接线，仪表间的各类信号线，各类执行机构的图形符号，调节机构，信号灯，冲洗、吹气或隔离装置，按钮和联锁等。

2.3.2 仪表功能标志

2.3.2.1 仪表功能标志的表示方法

管道及仪表流程图中仪表编号填写在一个直径为 10mm 的圆或方框中，代号在上，序号在下。例如 (SV/1101) 或 (SP/1101)。

仪表功能标志由首位字母（回路标志字母）和后继字母（功能字母、功能修饰字母）构成。常见仪表功能标志字母见表2.3.2-1。

表2.3.2-1 标志字母

	首位字母		后继字母		
	第1列	第2列	第3列	第4列	第5列
	被测变量或引发变量	修饰词	读出功能	输出功能	修饰词
A	分析		报警		
B	烧嘴，火焰		供选用	供选用	供选用
C	电导率			控制	关位
D	密度	差			偏差
E	电压(电动势)		检测元件，一次元件		
F	流量	比率			
G	可燃气体和有毒气体		视镜、观察		
H	手动				高
I	电流		指示		
J	功率		扫描		
K	时间，时间程序	变化速率		操作器	
L	物位		灯		低
M	水分或湿度				中,中间
N	供选用		供选用	供选用	供选用
O	供选用		孔板、限制		开位
P	压力、真空		连接或测试点		
Q	数量	积算，累积	积算，累积		
R	核辐射		记录		运行
S	速度，频率	安全		开关	停止
T	温度			传送(变送)	
U	多变量		多功能	多功能	
V	振动，机械监视			阀、风门、百叶窗	
W	重量，力		套管，取样器		
X	未分类	X轴	附属设备，未分类	未分类	未分类

续表

首位字母		后继字母		
第1列	第2列	第3列	第4列	第5列
被测变量或引发变量	修饰词	读出功能	输出功能	修饰词
Y 事件,状态	Y轴		辅助设备	
Z 位置,尺寸	Z轴		驱动器,执行元件,未分类的最终控制元件	

应用示例：

（1）信号报警（高、低；高高、高、低、低低）。

（2）气相色谱仪。

2.3.2.2 仪表图形符号

（1）基本图形符号应符合以下规定：

a. 首选或基本过程控制系统图形由细实线正方形与内切圆组成，图例如下：

b. 备选或安全仪表系统图形由细实线正方形与内接菱形组成，图例如下：

c. 计算机系统及软件图形为细实线正六边形，图例如下：

d. 单台仪表图形为细实线圆圈，图例如下：

e. 联锁逻辑系统符号为细实线菱形，菱形中标注"I"，在局部联锁逻辑系统较多时，应将联锁逻辑系统编号，图例如下：

f. 信号处理功能图形为细实线正方形和矩形,图例如下:

g. 处理两个或多个变量,或处理一个变量但有多个功能的复式仪表(同一壳体仪表)时,可用相切的细实线圆圈表示,图例如下:

(2)仪表设备与功能的图形符号应符合表 2.3.2-2 的规定:

表 2.3.2-2 仪表设备与功能的图形符号

序号	共享显示,共享控制		C	D	安装位置与可接近性
	A	B			
	首选或基本过程控制系统	备选或安全仪表系统	计算机系统及软件	单台(单台仪表设备或功能)	
1	⊙	◇	⬡	○	• 位于现场 • 非仪表盘、柜、控制台安装 • 现场可视 • 可接近性-通常允许
2	⊖	◇	⬡	⊖	• 位于控制室 • 控制盘/台正面 • 在盘的正面或视频显示器上可视 • 可接近性-通常允许
3	⊘	◈	⬡	⊖	• 位于控制室 • 控制盘背面 • 位于盘后的机柜内 • 在盘的正面或视频显示器上不可视 • 可接近性-通常不允许
4	⊖	◇	⬡	⊖	• 位于现场控制盘/台正面 • 在盘的正面或视频显示器上可视 • 可接近性-通常允许

续表

序号	共享显示,共享控制		C	D	安装位置与可接近性
	A	B			
	首选或基本过程控制系统	备选或安全仪表系统	计算机系统及软件	单台(单台仪表设备或功能)	
5	⊡	◇̇	⬡	○	• 位于现场控制盘背面 • 位于现场机柜内 • 在盘的正面或视频显示器上不可视 • 可接近性-通常不允许

注：
(1) 共享显示、共享控制系统包括基本过程控制系统、安全仪表系统和其他具有共享显示、共享控制功能的系统和仪表设备。
(2) 可接近性指通常指是否允许包括观察、设定值调整、操作模式更改和其他任何需要对仪表进行操作的操作员行为。
(3) "盘后"广义上为操作员通常不允许接近的地方。例如仪表或控制盘的背面，封闭式仪表机架或机柜，或仪表机柜间内放置盘柜的区域。
(4) 变送器带控制功能的图形符号示例：

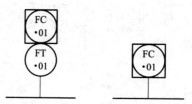

(5) 调节阀带控制功能的图形符号示例：

(6) 集变送器、控制器和调节阀于一体的仪表设备的图形符号示例：

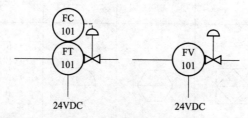

(7) 多点记录仪的图形符号示例：

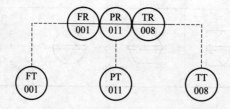

（3）常用就地仪表的图形符号应符合表 2.3.2-3 规定：

表 2.3.2-3　就地仪表的图形符号

序号	符号	描述
1	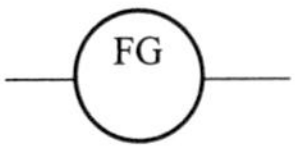 (FG)	• 视镜（流量观察）
2	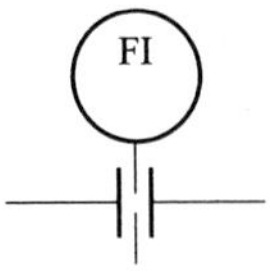 (FI) 差压式	• 差压式流量指示计
3	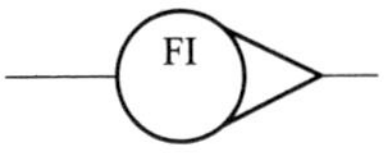 (FI)▷	• 转子流量计
4	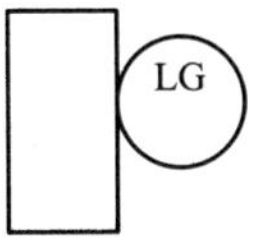 □(LG)	• 整体安装在设备上的液位计 • 视镜（液位观察）
5	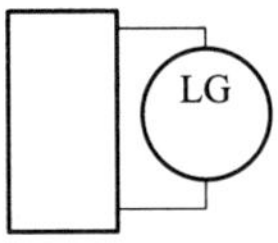 □(LG)	• 安装在设备外或旁通管上的液位计 • 当需要每个液位计进行测量时，可以用一个细实线圆圈来表示，也可以每个液位计用一个细实线圆圈内来表示
6	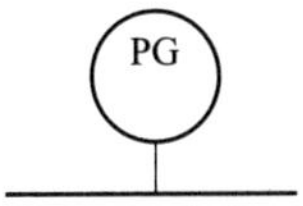 (PG)	• 压力表
7	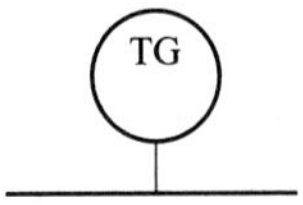 (TG)	• 温度计

2.3.3　常用仪表与仪表的连接线图形符号

常用仪表与仪表的连接线图形符号应符合表 2.3.3-1 规定。

表 2.3.3-1　常用仪表与仪表的连接线图形符号

序号	符号	应用
1	IA ———	• IA 也可换成 PA(装置空气)、NS(氮气)或 GS(任何气体) • 根据要求注明供气压，如：PA-70kPa(G)，NS-300kPa(G)等
2	ES ———	• 仪表电源 • 根据要求注明电压等级和类型，如：ES-220VAC • ES 也可直接用 24VDC、120VAC 等代替

续表

序号	符号	应用
3	HS————	• 仪表液压动力源 • 根据要求注明压力,如:HS-70kPa(G)
4	——/——	• 未定义的信号 • 用于工艺流程图(PFD) • 用于信号类型无关紧要的场合
5	——//——	• 气动信号
6	------	• 电子或电气连续变量或二进制信号
7	————	• 连续变量信号功能图 • 示意梯形图电信号及动力轨
8	—○——○—	• 共享显示,共享控制系统的设备和功能之间的通信连接和系统总线 • DCS、PLC 或 PC 的通信连接和系统总线(系统内容)
9	—●——●—	• 连接两个及以上独立的微处理器或以计算机为基础的系统的通信连接或总线 • DCS-DCS、DCS-PLC、PLC-PC、DCS-现场总线等的连接(系统之间)
10	—◇——◇—	• 现场总线系统设备和功能之间的通信连接和系统总线 • 与高智能设备的连接(来自或去)
11	--○--○--	• 一个设备与一个远程调校设备或系统之间的通信连接 • 与智能设备的连接(来自或去)

常用仪表连接线图形符号的应用示例如下:

a. 气动信号线

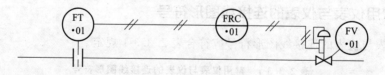

b. 电子或电气连续变量或二进制信号线

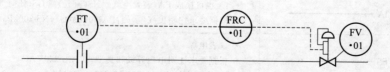

c. 现场仪表与远程调校设备或系统之间的通信连接信号线

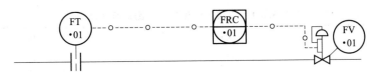

d. 现场总线系统设备和功能之间的通信连接信号线

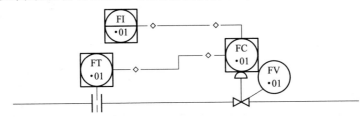

e. 多种信号线组合（共享显示、共享控制系统-首选和备选系统，电子仪表）

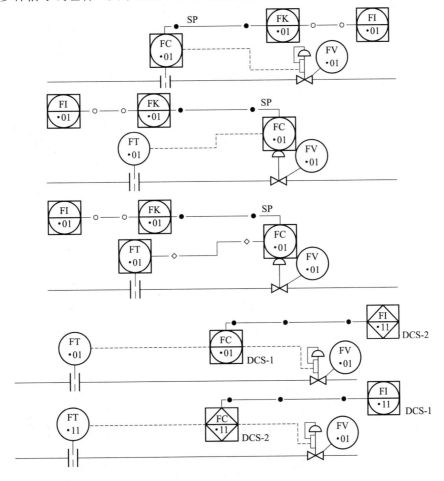

2.3.4 仪表图形符号应用示例

2.3.4.1 常规就地测量仪表图形

常规就地测量仪表图形符号示例见表 2.3.4-1。

表 2.3.4-1 常规就地测量仪表图形符号示例

序号	被测变量	简化示例	详细示例
1	流量	FI 213	FI 213
			FG 101
			FI 105
2	液位	设备 LG 102	设备 LG 102
			LI 211 设备
3	压力	PG 312	PG 312
		设备 PDI 103	设备 PDI 103
			PG 101

续表

序号	被测变量	简化示例	详细示例
4	温度		 TG 213
			 TG 112

2.3.4.2 控制室仪表图形符号

常用控制室仪表（以常规仪表，DCS 和 SIS 为例）图形符号示例见表 2.3.4-2。

表 2.3.4-2 常用控制室仪表图形符号示例

序号	被测变量	控制室仪表	现场仪表	功能说明	简化示例	详细示例
1	流量	常规仪表	差压变送器	指示	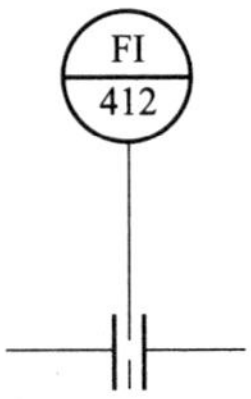 FI 412	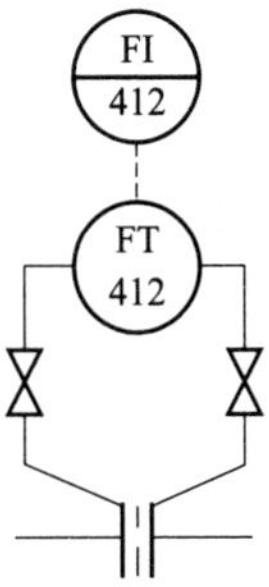 FI 412 / FT 412
			漩涡流量变送器	记录报警	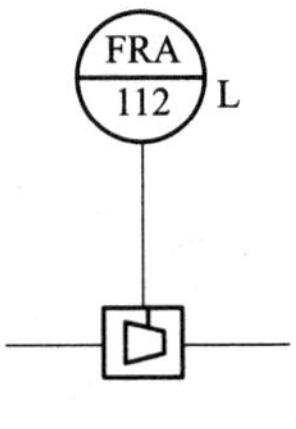 FRA 112 L	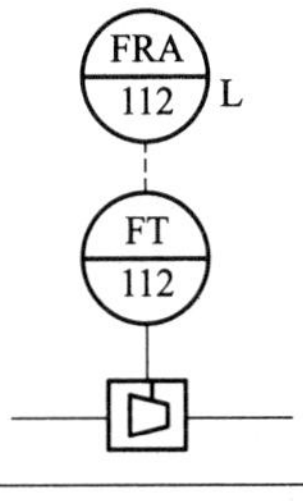 FRA 112 L / FT 112
		DCS	电磁流量计	指示报警	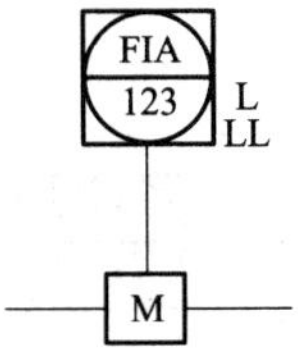 FIA 123 L LL	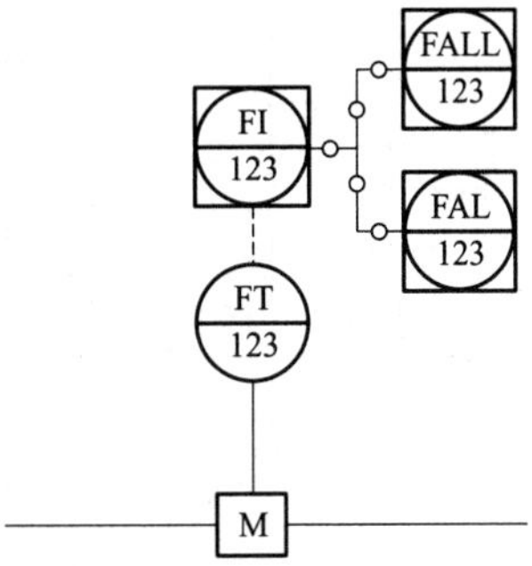 FI 123 / FT 123 / FALL 123 / FAL 123

续表

序号	被测变量	控制室仪表	现场仪表	功能说明	简化示例	详细示例
1	流量	DCS	差压变送器	累计带温压补偿	PI 112 — FQ 112 — TI 112 （P.T.COMP）	FQ 101；PI 112 — FY 101 — TI 121 （P.T.COMP）；PT 112、FT 101、TT 121、TE 121 RTD、TW 121
2	液位	常规仪表	浮筒	指示	设备 LI 201	设备 LT 201 — LI 201
			差压变送器	记录报警	设备 LRA 311 H/L	设备 LT 311 — LRA 311 H/L
		DCS	差压变送器	指示	设备 LI 104 P NS / P WS	设备 LT 104 — LI 104 P NS / P WS
			差压变送器	指示报警	设备 LIA 213 H/L	设备 LT 213 — LAHL 213、LI 213

续表

序号	被测变量	控制室仪表	现场仪表	功能说明	简化示例	详细示例
3	压力	常规仪表	压力变送器	双笔记录（气动）	PR102, PR103	PR102, PR103, PT102, PT103
			差压变送器	记录报警	PDIA 211 H	PDIA 211 H, PDT 211
		DCS	压力变送器	指示报警	PIA 213 H	PIA 213 H, PT 213
			差压变送器	指示报警联锁	PDIAS 111 H	PDT 111, PDI 111, PDSH 111, PDAH 111, I

续表

序号	被测变量	控制室仪表	现场仪表	功能说明	简化示例	详细示例
4	温度	常规仪表	热电偶	记录报警	TRA 211	TRA 211 / TE 211
			双支热电偶	指示报警联锁	TIA 105, TRS 106	TIA 105, TRS 106 → I XXX / TE 105, TE 106
		DCS	一体化温度变送器	记录报警（趋势记录）	TRA 216	TR 216 — TA 216 / TT 216, TE 216, TW 216 RTD
5	流量	SIS	差压变送器	联锁	FZSLL 412	FZSLL 412 / FZT 412
	液位		差压变送器	联锁DCS报警	设备 — LZSHH 213 ⋯ LAHH 213	设备 — LZT 213 ⋯ LZSHH 213 / LAHH 213

续表

序号	被测变量	控制室仪表	现场仪表	功能说明	简化示例	详细示例
5	振动	S I S	振动传感器	联锁	VZI 101J-1 — VZSH 101J — VZI 101J-2，低—压缩机—高	VZI 101J-1 — VZSH 101J — VZI 101J-2；VZT 101J-1，VZT 101J-2，低—压缩机—高
	分析		红外线分析器	联锁 DCS 记录 报警	AZRA 211 H — AZSH 211 — ARA 211 H，CH₄	AZRA 211 H — AZSH 211 — ARA 211 H；AZT 211，CH₄
	分析		密度计	联锁 DCS 报警	DIA 201 L — DZSL 201 — I XXX；DZT 201	DIA 201 L — DZSL 201 — I XXX；DZT 201 COR

2.3.4.3 自控系统图形符号示例

（1）单参数控制系统图形符号示例

常规仪表控制系统图形符号见表 2.3.4-3。

表 2.3.4-3 常规仪表控制系统图形符号示例

序号	控制系统名称	控制系统示例
1	流量控制系统	FIC 201，FY 201A I/P，FT 201，FE 201，FY 201B，FY 201，FC 注：其中 FE-201 和 FY-201B 的图形符号可以表示在图上，但不推荐

045

续表

序号	控制系统名称	控制系统示例
2	液位控制系统	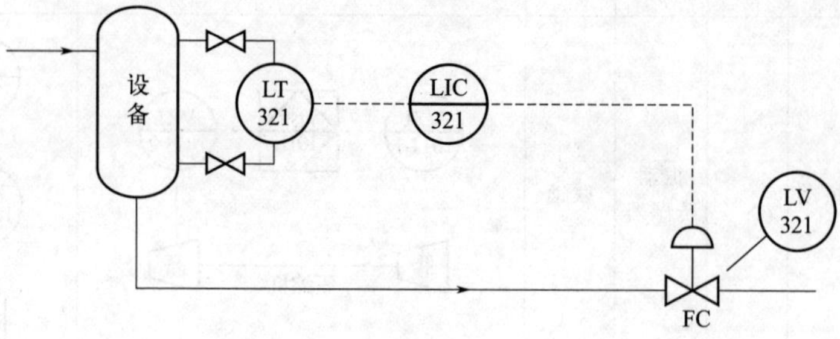 设备 — LT 321 — LIC 321 — LV 321 (FC)
3	压力控制系统	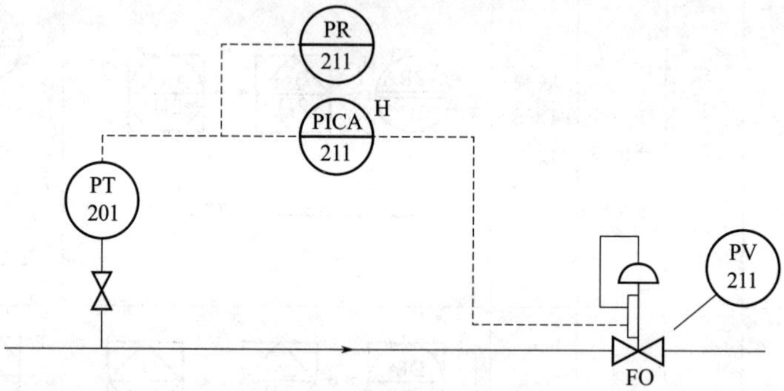 PT 201；PR 211；PICA 211 H；PV 211 (FO)
4	温度控制系统	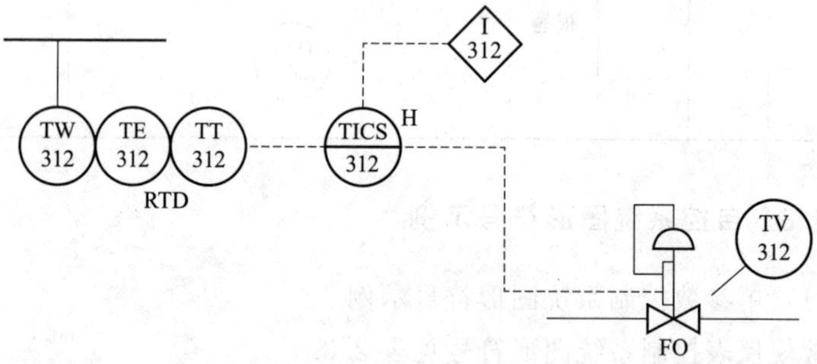 TW 312、TE 312、TT 312 (RTD) — TICS 312 H — I 312 — TV 312 (FO)
5	分析控制系统	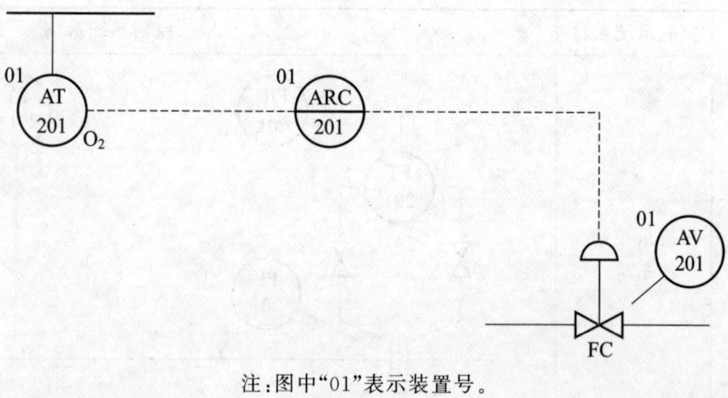 01 AT 201 O_2 — 01 ARC 201 — 01 AV 201 (FC)

注：图中"01"表示装置号。

DCS 控制系统图形符号示例见表 2.3.4-4。

表 2.3.4-4　DCS 控制系统图形符号示例

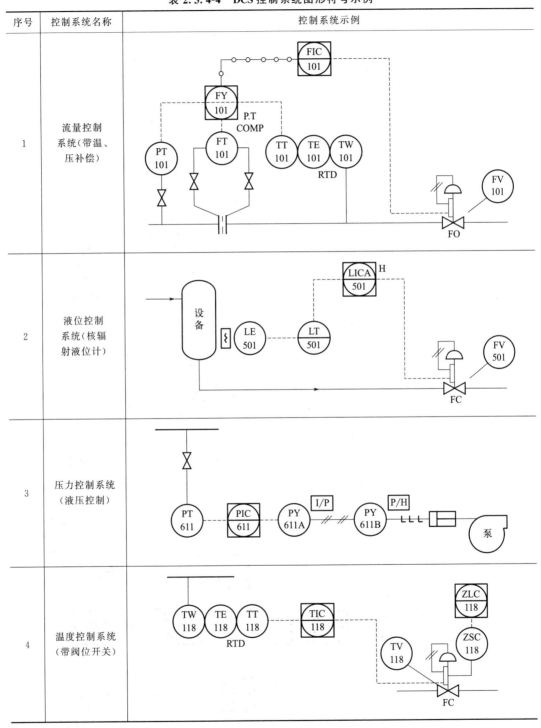

（2）复杂控制系统图形符号示例

常规仪表复杂控制系统图形符号见表 2.3.4-5。

表 2.3.4-5 常规仪表复杂控制系统图形符号示例

序号	被控变量	控制系统名称	控制系统示例
1	流量	单闭环流量比值控制系统	
2	温度	温度-流量串级控制系统	
3	流量、液位	液位、流量均匀控制系统	
4	流量	双闭环流量比值控制系统	

续表

序号	被控变量	控制系统名称	控制系统示例
5	温度	前馈反馈控制系统	
6	温度	选择性控制系统	

DCS复杂控制系统图形符号示例见表2.3.4-6。

表 2.3.4-6 DCS 复杂控制系统图形符号示例

序号	被控变量	控制系统名称	控制系统示例
1	流量	双闭环流量比值控制系统	

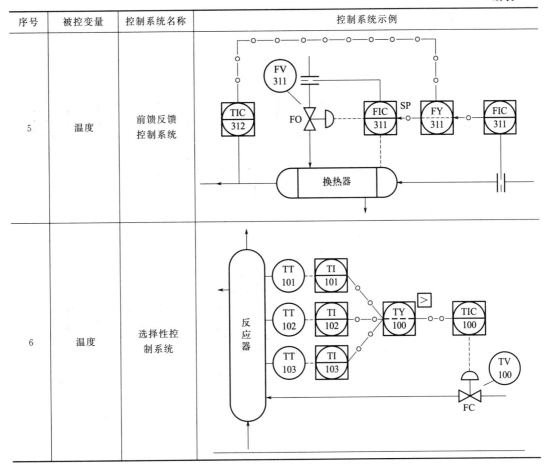

续表

序号	被控变量	控制系统名称	控制系统示例
2	温度	前馈反馈控制系统	
3	温度	选择性控制系统	

第3章 泵的设计

3.1 泵的基本单元模式

3.1.1 概述

本节只涉及输送液体（包括悬浮液）的泵。按作用于液体的原理，泵的分类如下：

泵			
	叶片式	离心泵	
		轴流泵	
		旋涡泵	
	容积式	回转式	齿轮泵
			螺杆泵
		往复式	柱塞泵
			活塞泵
			隔膜泵
	其他类型		

为说明泵的基本单元模式，将输送液体的泵分为以下三个部分。

（1）泵入口侧管道（吸入管路）

以泵上游的吸入容器的出口管法兰为起端，至泵入口的法兰为止。

（2）泵出口侧管道（排出管路）

从泵出口法兰起至下游的容器（串接在此管道上的换热器、过滤器及其它被所输送流体充满的设备不计）入口法兰为止。

（3）泵的公用物料、辅助设施和驱动机构。

本节的基本单元模式内容为泵的入口侧管道和出口侧管道两部分。

3.1.2 泵管道设计的一般要求

3.1.2.1 一般要求

1. 切断阀

泵的进出口应设置切断阀，使每台泵在运转或维修时，能保持独立。切断阀的口径可以小于管道尺寸，但不能小于泵的连接口径。泵的入口、出口尺寸与入口侧管道、出口侧管道直径及阀门尺寸的关系，见本节 3.1.2.2 和 3.1.2.3 的规定。

2. 排气、排净

（1）离心泵在壳体上设有带丝堵的排气口。

（2）所有离心泵上设有壳体排净口，应配置阀门。

（3）其它类型的泵均应有合适的带丝堵的排气口和排净口。

（4）泵的入口侧管道和出口侧管道上应根据物料物性、工艺操作和开、停车要求设置装有阀门的排气和排净管，排出物接至合适的排放系统。当需要设置带阀门的排净管时，应设置在泵入口侧和出口侧处的位置。

3. 缓冲罐

（1）在下述情况的往复泵管道上通常需设置缓冲罐。

① 为改善往复泵输出液体的计量正确性，须减小流体的脉冲幅度，在所有单缸或双缸单作用往复泵管道的流量计上游应装缓冲罐，对双缸双作用及三缸往复泵只需在进、出口干管上设缓冲罐。

② 为减少往复泵管道的振动，应每台泵设一台缓冲罐，装在泵和泵干管的第一个阀之间。

③ 液压系统往复泵出口应设缓冲罐，防止液压脉动使系统操作不稳定。

④ 当有效净正吸入压头（NPSHa）达不到要求时，在往复泵的吸入管道上装缓冲罐，可以达到改善效果。

（2）缓冲罐一般需灌注空气，输送易燃易爆液体的泵的缓冲罐应充入惰性气体。在缓冲罐上需接注气管，如物料中不允许带过多气体和有腐蚀性的物料，应采用带有橡皮气囊的缓冲罐。

（3）多台往复泵（有备用泵）组合时，缓冲罐与泵干管之间切断阀的设置要根据工艺操作要求和维修时的隔断要求来决定。

3.1.2.2 泵入口侧管道

泵入口侧管道的管径，根据流体常用流速或特定要求的流速计算和泵的 NPSH 值来确定，确定的管径大小应满足系统压力降要求。一般情况下，吸入口管道的管径应不小于泵吸入口的直径。初选管径时，离心泵的吸入管道可取比泵的吸入口大一级或两级。往复泵的吸入管道可取比泵的吸入口大 1~3 级。

泵的吸入管道如管径有改变，应采用异径管，不采用异径法兰，避免突然变径和形成向上弯曲的袋形弯管。

泵吸入管道上设置切断阀，选用阻力较小的闸阀。初选时，当管径和泵入口直径相同或大一级时，阀门直径应与泵入口相同；当管径比泵入口大两级时，阀门直径比泵入口大一级，对有毒、强腐蚀性的介质或特殊的系统，宜采用双切断阀，其中一个阀应设置在紧靠吸入容器的出口处，作为常开阀，另一个则靠近泵入口处，便于操作。

泵的吸入管道上，须设置永久或临时的管道过滤器。永久过滤器的面积不小于管道截面的3倍，临时性的为2倍。对于螺杆泵、齿轮泵、柱塞泵、活塞泵等小间隙的泵和非金属泵，必须设置永久过滤器。不设置备用泵的系统，永久过滤器须设在线备用，以便切换检修。除工艺物料较脏或其它特殊工艺要求外，离心泵一般不需要设永久管道过滤器。装永久管道过滤器的泵需要设开车用的临时管道过滤器，对于入口管径较小（≤DN40）的情况，也可设永久管道过滤器，通常采用Y型过滤器，根据泵的特性和要求（如屏蔽泵），亦可采用其它过滤器。过滤器应安装在泵和进口切断阀之间，通常每台泵装一个。

介质在泵入口处可能发生汽化时，应在泵入口管端与泵入口切断阀之间设置平衡管，平衡管上应装切断阀，如图3.1.2-1所示。平衡管通向吸入侧容器或就近接入相应的排气管道，平衡管道上不能形成袋形。

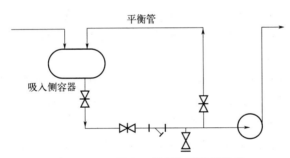

图 3.1.2-1　泵入口管端的平衡管设置

泵吸入管道要有坡度（不小于2%），坡向标高较低的一端（吸入侧容器或泵）。

泵吸入管道上应设置放净阀，以便检修时将物料排至指定的系统。

离心泵自其叶轮中心线以下抽吸物料时，应在吸入管下端口安装底阀及加接注液管，或用自引罐的方法，如图3.1.2-2和图3.1.2-3所示。这种情况亦可改用液下泵。

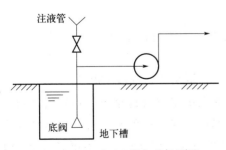

图 3.1.2-2　泵吸入管加接注液管

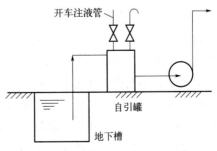

图 3.1.2-3　泵吸入管和自引罐

吸入侧容器与泵的吸入口之间，应标注吸入侧容器与泵叶轮中心线间的允许位差值。推荐标高的标注部位如下：

（1）立式吸入侧容器：以下封头的切线（T.L）或容器底（如平底罐）为准；
（2）卧式容器：以容器的中心线为准，如图 3.1.2-4 所示。

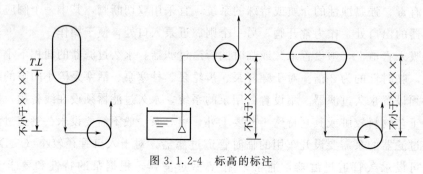

图 3.1.2-4　标高的标注

3.1.2.3　泵出口侧管道

泵出口侧管道的管径，可根据流体常用流速或特定要求的流速来计算，确定的管径大小应满足系统压力降要求。

叶片式泵的排出管道，两台或两台以上泵并联或者泵输出管道的终点压力大于泵的入口压力（当动力系统出现事故时，排出容器的大量液体将倒流回泵）时，需设止回阀。容积式泵出口可不设止回阀。

止回阀设在切断阀和泵出口之间，泵出口若为多分支管，则在泵出口总管上设置一个止回阀。止回阀的直径与切断阀相同，在止回阀与切断阀之间，应设置放净阀，用于检修时放出管道中的物料，如图 3.1.2-5 所示。

泵出口切断阀应与管径相同，若泵输出管管径比泵的出口大两级或两级以上，则阀门可较管径小一级。

泵出口管径≤DN100，切断阀可选用截止阀，便于粗调流量（对离心泵而言），若出口管径＞DN100，多选用闸阀。

泵的出口管道上如工艺要求设旁通管，则此旁通管上应设截止阀，旁通管通常应返回至吸入管（返回液不会引起泵体超温）或吸入容器，必要时须串设冷却器。

泵吸入口侧若连接负压系统，需在泵出口止回阀前设置开车管，接至吸入容器的气相部位，如图 3.1.2-5 所示。

如离心泵有可能在低于泵的最小流量下长期运转，应设置最小流量管。在最小流量管道上设置限流孔板和截止阀，如图 3.1.2-6 所示。

特种泵的回流管道（例如屏蔽泵的反向回流管），按泵产品资料来设计。

每台容积式泵（往复泵、齿轮泵等）、每台旋涡泵的出口管道至出口切断阀之间应设置安全泄压阀（如泵本身带有泄压阀，可不重复配置），泄压阀的排出管可接至吸入管道的管道过滤器下游，泵入口前。其他类型的泵，若出口阀门切断时，压力可能增大以致毁坏管道或设备，则亦应设安全泄压阀。

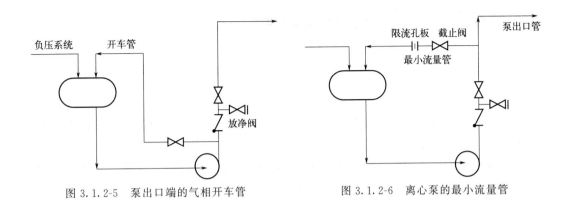

图 3.1.2-5　泵出口端的气相开车管　　　　图 3.1.2-6　离心泵的最小流量管

每台容积式泵和旋涡泵的出口切断阀前，应设置返回至泵入口或吸入容器的回流管道，并设置截止阀，以便调节流量及检修后试泵，但若要准确地调节流量，则需将截止阀改为控制阀。小流量的计量泵可不设此管道。

泵管道输送的介质的温度高于 200℃，或环境温度可能低于物料的凝点（易凝固），并且设有备用泵者，宜设置带限流孔板的暖泵管道，如图 3.1.2-7 所示。

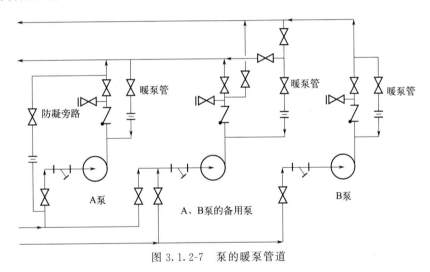

图 3.1.2-7　泵的暖泵管道

（1）暖泵旁路管道通常为 DN20，装在泵出口止回阀与切断阀的前后，旁路管道上设一闸阀和截止阀，或者用限流孔板取代截止阀；亦可以在止回阀的阀瓣上钻一小孔来代替暖泵管道。孔径以流通量为正常流量的 3‰～5‰ 来确定。

（2）环境温度低于物料的凝点，除需要设暖泵旁路外，在泵的进出口管道之间应设防凝旁路，该管道与主管的连接点应尽可能靠近切断阀，以免形成死角。

高扬程的泵出口切断阀的两侧压差较大、尺寸较大的阀门的阀瓣单向受压太大，不易开启，因而在阀门前后设 DN20 旁路，在阀门开启前应先打开旁路，使阀门两侧的压力平衡，见图 3.1.2-8 所示。

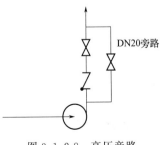

图 3.1.2-8　高压旁路

3.1.2.4 泵的公用物料、辅助设施和驱动机构

泵本身要求的冷却、加热、密封、冲洗、润滑等设施和缓冲、安全及驱动蒸汽管,应按泵制造厂的要求来进行工程设计。

泵的机械密封或填料密封需用密封油密封、冷却及润滑,应尽可能选择装置内的工艺物料作密封液。当被输送物料较干净、无颗粒、有一定润滑性且温度在100℃以下或不能用外来密封油时,则采用自身物料循环,否则用外来密封油密闭循环。

当泵输送含有固体颗粒的液体或泄漏后易结冰或结晶的物料,其填料函须采用冲洗液冲洗。当已配有密封油系统,则不需再设冲洗液管。

3.1.3 泵仪表控制设计的一般要求

本节中泵的控制内容是测定压力和调节流量。

3.1.3.1 压力测定

所有泵的出口都必须至少设有就地指示压力表,其位置应在泵出口和第一个阀门之间。

对于离心泵,压力表的量程应大于泵的最大关闭压力。

对于容积式泵,压力表量程应大于该泵出口安全阀(或爆破片)的设定压力。

输送液化石油气的泵,泵进口亦应安装压力表,其量程应大于物料在50℃以下(或能可靠地保证低于此温度的环境温度)的饱和蒸气压。

3.1.3.2 流量测定和调节

由于泵进口侧不允许大的压力降,并且通常一台泵可有数个用户,所以泵的流量测定系统设在泵出口侧。

1. 流量测定

若工艺只要求测定流量,则只设指示仪表,可为累计流量(FIQ)或瞬时流量(FI),如图3.1.3-1所示。

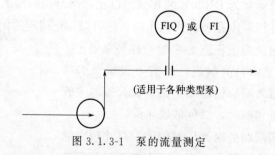

图 3.1.3-1 泵的流量测定

2. 流量调节

若需稳定或调节流量,则需与其它参数关联,通常有下列各种方式。

(1) 要求流量按设定值稳定操作

在泵出口侧测定流量,而将控制阀设于不同位置来调节泵出口流量,如图 3.1.3-2 所示。

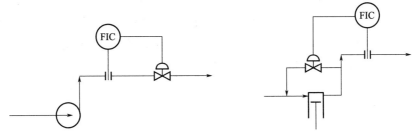

调节方案(一)用于离心泵和轴流泵　　　　调节方案(二)用于容积式泵和旋涡泵

图 3.1.3-2　泵的出口流量调节方法和流量测定

调节方案(一)适用于叶片式泵(离心泵、轴流泵),但不适用于旋涡泵,调节方案(二)适用于旋涡泵和容积式泵,要注意的是旁路流量不经冷却直接返回,应在不会升高吸入液体的温度的条件下才可行,否则对防止泵汽蚀不利。

(2) 对流量要求不很严格,但需维持容器的液位

此情况应按液位调节流量,此容器可以在泵进口侧也可以是泵出口侧,如图 3.1.3-3 所示。

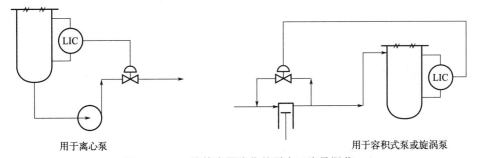

用于离心泵　　　　　　　　　　　　　用于容积式泵或旋涡泵

图 3.1.3-3　维持容器液位的泵出口流量调节

(3) 既要维持容器的液位、又需保持一定流量

此情况将(LIC)串接(FIC),如图 3.1.3-4 所示。

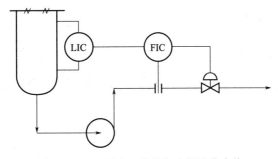

图 3.1.3-4　泵出口流量与容器液位串接

3.1.3.3 报警与联锁

在要求严格的场合,例如流量中断会引发工艺、设备或人身事故时,应根据参数变化的灵敏程度,选择低压或高液位、低液位或其他参数报警。更重要的场合还应与泵的动力源(包括蒸汽或电机)联锁、自动停泵或启动备用泵,如图3.1.3-5所示。由于所涉及的因素较多,图3.1.3-5只表示了容器低液位(泵低流量报警)和泵体超温报警,泵电机联锁停泵、启动的情况,具体控制方式应按工艺要求及经验来决定。

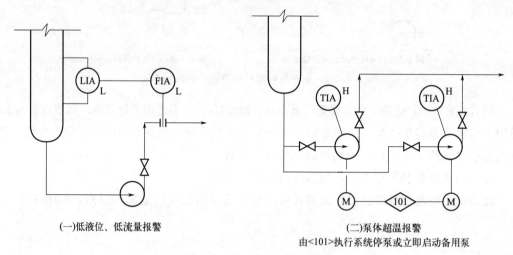

(一)低液位、低流量报警

(二)泵体超温报警
由<101>执行系统停泵或立即启动备用泵

图3.1.3-5 泵的报警与联锁

3.1.4 泵的基本单元模式

3.1.4.1 离心泵

单台泵和带有备用泵的基本单元模式,如图3.1.4-1所示。图中表示了泵进、出管上

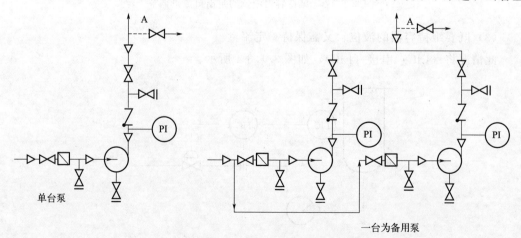

单台泵

一台为备用泵

图3.1.4-1 离心泵基本单元模式

异径管、切断阀、排气阀、排净阀、管道过滤器和压力表的相对位置。

为防止气阻或长时间低流量运行中所产生的过热，需要循环时，应从出口管处设旁路（图 3.1.4-1 中"A"管）引出物流。

（1）离心泵长期在低流量下操作时，应将旁路管道（最小流量管）返回泵的吸液设备。

（2）预期泵将短期内在小于它的额定流量的 20% 条件下操作，应装一个带有限流孔板的旁路，不设阀门。孔板的大小应保持通过泵的流量至少在泵的额定流量 20%。当液体通过旁路孔板可能产生闪蒸时，应采取其他低流量保护措施。

（3）预期泵将长期处在泵的额定流量的 40% 以下操作，可设置带有孔板式控制阀（节流式控制阀）的旁路。

3.1.4.2 往复泵

单台泵和带有备用泵的基本单元模式，如图 3.1.4-2 所示。图中表示了泵进、出管上异径管、切断阀、排气阀、排净阀、管道过滤器和压力表的相对位置。

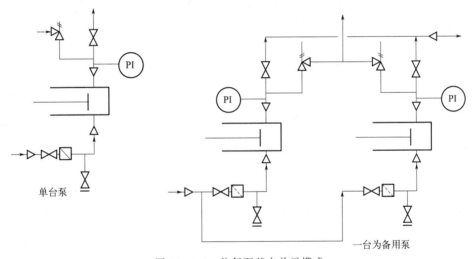

图 3.1.4-2　往复泵基本单元模式

泵出口安全阀的排出口，较好的排放点是吸入容器。安全阀出口如需装阀门，则应加铅封并保持阀门开启（CSO）。

3.2　泵的系统特性计算

3.2.1　泵的净正吸入压头（NPSH）计算

3.2.1.1　NPSHr、NPSHa 定义及其关系

（1）泵入口处（压力最低点）单位质量液体所具有的能量（静压能和动能）与输送液

体在工作温度下的饱和蒸气压头之差称为泵的净正吸入压头 NPSH（Net Positive Suction Head），也称作泵的汽蚀余量。泵的净正吸入压头分为两个：需要的净正吸入压头（或称为净正吸入压头必需值），标记为 NPSHr（NPSH Required）或 NPSHR；有效的净正吸入压头（或称为净正吸入压头有效值），标记为 NPSHa（NPSH Available）或 NPSHA。

(2) 为保证泵正常运转而不发生汽蚀，净正吸入压头必须大于某一指定最小值，该最小值称为泵需要的净正吸入压头（NPSHr）。NPSHr 与泵的类型和结构设计有关，并随泵的转速和流量而变，NPSHr 越小，泵抗汽蚀能力越强。NPSHr 一般由泵制造厂测定提供。NPSHr 按输送 20℃时的清水测定。若无泵制造厂提供的 NPSHr 或泵送流体不同于 NPSHr 的测定条件，可按本章 3.2.1.2 中的公式进行计算或校正。

(3) 在给定了装置的设备、管道配置之后，泵吸入系统给予泵的净正吸入压头称为泵系统有效的净正吸入压头（NPSHa），NPSHa 只与装置系统有关而与泵本身特性无关。

(4) 为保证泵能正常运转而不发生汽蚀，必须使 NPSHa 大于 NPSHr，而一般情况下至少要大 0.3m，对于有些输送条件（如输送近似沸点的液体），则应使 NPSHa 大于等于 1.3NPSHr。

3.2.1.2 NPSHr 的计算和校正

(1) NPSHr 的计算

应尽量采用泵制造厂给出的 NPSHr，当无泵制造厂提供的 NPSHr 时，可按式(3.2.1-1)进行估算：

$$NPSHr = \left(\frac{n \cdot \sqrt{V_d}}{S}\right)^{4/3} \quad (3.2.1\text{-}1)$$

式中，$NPSHr$ 为泵需要的净正吸入压头，m；n 为泵的转速，r/min；V_d 为泵的设计流量，m^3/min；S 为泵吸入比转速，$(m^3/min) \cdot (m) \cdot (r)$。

一般离心泵，吸入比转速均可用 1200，则式(3.2.1-1)可简化为：

$$NPSHr = 7.86 \times 10^{-5} \cdot n^{4/3} \cdot V_d^{2/3} \quad (3.2.1\text{-}2)$$

特殊设计的泵如高速泵及 NPSHa 不能取得很大时，叶轮要进行特殊设计，其 S 值实际可达到 1500~1600，计算 NPSHr 时应予考虑。

(2) NPSHr 的校正

① 当泵输送的流体不同于 20℃的清水时，NPSHr 应按式(3.2.1-3)进行校正：

$$NPSHr = \varphi \cdot NPSHr_\omega \quad (3.2.1\text{-}3)$$

式中，φ 为相对于水的泵需要净正吸入压头的修正系数；$NPSHr_\omega$ 为输送 20℃清水时需要的净正吸入压头（即泵制造厂所提供的 $NPSHr$），m。

② 输送牛顿型流体中的油、药液等黏性和腐蚀性液体、非牛顿型流体的固体颗粒均匀分布于液体中的泥浆，以及分布不均匀但其流动可近似看作是牛顿型流体和非牛顿型流

体的简单组合而成的两相流纸浆等，与输送清水相比，具有明显的不易引起汽蚀的趋势，但其热力学性质还没完全掌握，φ值难以确定且又小于1，NPSHr可以不校正，把它作为外加的安全因素。

③ 输送热水或非黏性液态烃（黏度比水小）时，泵可以在比输送20℃清水时需要的净正吸入压头小的情况下运行。图3.2.1-1为估算输送非黏性液态烃时泵的NPSHr修正图，根据输送温度下液态烃的相对密度与饱和蒸气压查得φ值，从而求出输送非黏性液态烃时的NPSHr。当输送温度下烃的蒸气压低于100kPa时，φ值等于1。

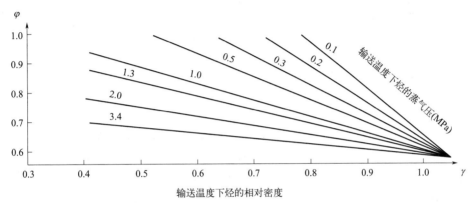

图3.2.1-1 输送非黏性烃类时泵的NPSHr修正图

3.2.1.3 NPSHa的计算及有关参数的选择

(1) 离心泵的NPSHa的计算

离心泵的NPSHa可按式(3.2.1-4)进行计算：

$$NPSHa = \frac{P_1 - P_v}{9.81\gamma} \pm H_1 - \frac{(\Delta P_1 + \Delta P_{e1})K^2}{9.81\gamma} \tag{3.2.1-4}$$

式中，$NPSHa$为泵有效的净正吸入压头，m；P_1为泵吸入侧容器最低正常工作压力，kPa；P_v为泵进口条件下液体饱和蒸气压，kPa；H_1为从吸入液面到泵基础顶面的垂直距离，灌注时H_1取"+"，吸上时H_1取"-"，m；ΔP_1为从吸入容器出口至泵吸入口之间的正常流量下管道摩擦压力降（包括管件、阀门等），kPa；ΔP_{e1}为正常流量下泵吸入管道上设备压力降之和（包括设备管口压力降），kPa；γ为泵进口条件下液体的相对密度；K为泵流量安全系数，为泵的设计流量与正常流量之比。

(2) 往复泵的NPSHa计算

往复泵的NPSHa，可按式(3.2.1-5)进行计算。

$$NPSHa = \frac{P_1 - P_v}{9.81\gamma} \pm H_1 - \frac{(\Delta P_1 \cdot K_{acc}^2 + \Delta P_{e1})K^2}{9.81\gamma} - H_{1acc} \tag{3.2.1-5}$$

式中，H_{1acc}为往复泵吸入管线加速度损失[其计算见式(3.2.1-6)]，m；K_{acc}为往复泵脉冲损失系数。其余符号意义同式(3.2.1-4)。

由于往复泵是周期性间歇吸液（排液），进液（排液）流速也随之发生周期性变化，从而使摩擦损失发生变化并产生加速度损失。

① 摩擦损失变化

泵吸入（排出）管道上未安装缓冲罐（或其它缓冲装置亦称脉冲衰减器或空气罐）时，管道摩擦损失应按恒定流动情况计算，所用流量为泵的设计流量乘以表3.2.1-1中往复泵脉冲损失系数。

表 3.2.1-1　往复泵脉冲损失系数（K_{acc}）

缸数	单作用	双作用
单缸	3	2
双缸	2	1.5
三缸	2	1.3
四缸	1.5	1.3
其他	1.3	1.3

泵吸入（排出）管道上安装有缓冲罐时，不管泵的型式如何，脉冲损失系数均取1.2，即计算摩擦损失时，采用的流量取泵的设计流量的1.2倍。

② 加速度损失

泵吸入管道上未安装缓冲罐时，加速度损失按式(3.2.1-6)计算：

$$H_{1acc} = 36 \frac{L_1 \cdot V_d \cdot R \cdot C}{D_1^2 \cdot K_l} \tag{3.2.1-6}$$

式中，H_{1acc}为往复泵吸入管道加速度损失，m液柱；L_1为泵吸入管道直线长度，m；V_d为泵的设计流量，m^3/h；C为泵型系数（见表3.2.1-2）；D_1为泵吸入管道内径，mm；K_l为液体校正系数（见表3.2.1-3）；R为往复泵往复次数，min^{-1}。在不知道泵的往复次数时，蒸汽直接驱动的往复泵，R取$20 min^{-1}$；电动机或汽轮驱动的往复泵，R取$350 min^{-1}$。

泵排出管道上未安装缓冲罐时，加速度损失按式(3.2.1-7)计算：

$$H_{2acc} = 36 \frac{L_2 \cdot V_d \cdot R \cdot C}{D_2^2 \cdot K_l} \tag{3.2.1-7}$$

式中，H_{2acc}为往复泵排出管线加速度损失，m液柱；L_2为泵排出管道直线长度，m；D_2为泵排出管道内径，mm。

其余符号意义同式(3.2.1-6)。

表 3.2.1-2　往复泵泵型系数（C）

缸数	单作用电动泵或汽轮机驱动泵	双作用电动泵或汽轮机驱动泵	蒸汽直接驱动的往复泵
单缸	0.4	0.2	0.066

续表

缸数	单作用电动泵 或汽轮机驱动泵	双作用电动泵 或汽轮机驱动泵	蒸汽直接驱动 的往复泵
双缸	0.2	0.115	0.066
三缸	0.066	0.066	
四缸	0.5	0.04	
五缸	0.04	0.04	
七缸	0.028	0.028	
其他	0.04	0.04	

注：如果蒸汽驱动的泵是靠曲柄和飞轮驱动，可使用电动泵或汽轮机驱动泵的"C"值。

表 3.2.1-3　液体校正系数（K_l）

流体名称	校正系数	流体名称	校正系数
热油	2.5	胺、水、乙二醇	1.5
大部分烃类	2.0	热水	1.4

吸入（排出）管道上安装有缓冲罐时，泵至缓冲罐之间的加速度损失按式(3.2.1-6)和式(3.2.1-7)计算，吸入（排出）容器至缓冲罐之间的加速度损失取按式(3.2.1-6)和式(3.2.1-7)计算值的10%，然后把两段管道的加速度损失相加，即为吸入（排出）管道的总加速度损失。

(3) NPSHa 计算注意事项

① 确定吸入损失时应注意以下几点。

(a) 管径为内径；

(b) 流量为泵的设计流量，若用正常流量计算，则各项损失要乘以流量安全系数的平方；

(c) 对在正常操作中几台并联运转的关键泵，应估计到一台泵突然损坏时的有效净正吸入压头，此值通常是减小；

(d) 当吸入侧容器标高由需要的净正吸入压头确定时，吸入管道的总摩擦损失不应超过 0.6m 液柱；

(e) 当吸入侧容器标高不是由需要的净正吸入压头确定时，吸入管道的总摩擦损失可超过 0.6m 液柱，推荐按控制单位压力降 0.23～0.46kPa/m 来确定吸入管道和进泵管道的管径。

② 吸入侧容器的工作压力为正常出现的最低工作压力；

③ 吸入侧容器的液面标高 "L" 应取正常出现的最低情况，可参见图 3.2.1-2 所示；

④ 泵入口液体的饱和蒸气压应取正常出现的最高工作温度下的值；

⑤ 往复泵加速度损失计算式适用于无弹性、较短的吸入管。

总之，计算泵的 NPSHa，应选择正常出现的最不利条件下的数据进行计算，以保证泵不发生汽蚀而可靠地运行。

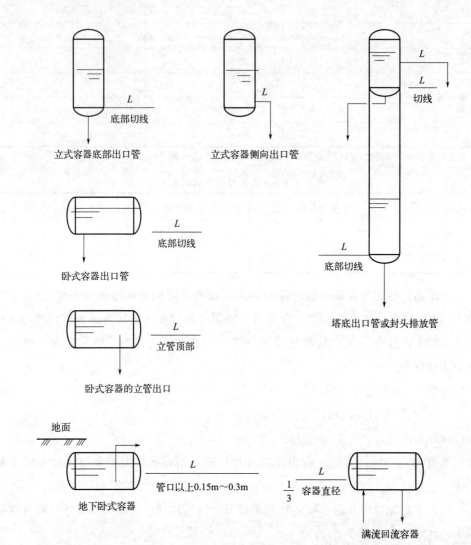

图 3.2.1-2　泵吸入侧容器内液面参考标高（密闭容器）

3.2.1.4　NPSHa 的安全裕量

从 3.2.1.3 节中 NPSHa 计算结果减去安全裕量，即为泵系统的最终有效净正吸入压头。

往复泵不计算安全裕量，它已包括在摩擦损失和加速度损失计算中。

对一般离心泵，NPSHa 的安全裕量取 0.6～1.0m，但对不同类型和不同用途的离心泵，NPSHa 的安全裕量也不同，见表 3.2.1-4。

表 3.2.1-4　泵 NPSHa 的安全裕量

序号	泵的类型和用途	说明(注*)	安全裕量/m
1	锅炉给水泵及锅炉给水循环泵、卧式冷凝器热冷凝泵	⑦⑨⑬	2.1
2	减压塔釜液泵	④⑥⑦⑨⑩⑪⑫⑬	2.1
3	立式和卧式表面冷凝器热冷凝液泵	⑤⑦⑧⑨⑬	0.3
4	常温常压冷却水泵	①②⑤⑨⑬	0.6
5	吸入压力<70kPa(表)的泵	⑤⑦⑨⑬	0.6
6	多级泵和双吸叶轮泵	⑨⑬	0.6
7	自动启动泵	⑨⑬	0.6
8	吸收塔釜液泵和送液温度在 15.5~205℃ 之间的 CO_2 汽提塔等类似的泵	⑨⑬	2.1
9	其他用途的泵,如将容器架高提高 NPSHa 的泵	⑨⑬	0.6
10	用于输送平衡液体和在蒸汽分压下的液体的泵	⑤⑨⑬	0.3~1.2
11	用于输送非平衡液体的泵	③⑨⑬	0.6

*注：① 在计算 NPSHa 时,不应包括吸上式冷却水泵吸入管口以上的浸没液柱头。
② 对立式和卧式冷却水泵应有足够的浸没深度。
③ 如果液体溶解有气体,则假定液体处在它的平衡压力和温度下,即容器压力等于蒸气压力。
④ NPSHa 计算不应包括汽提用蒸汽的裕量。
⑤ 总的摩擦损失应限定在 0.3m 液柱以内。
⑥ 吸入管内径应按单位压力降小于 0.23kPa/m 来确定。
⑦ 这些泵应安装"T"型过滤器。
⑧ 这些泵的吸入管应从容器分别引出。
⑨ 双吸叶轮泵的配管必须避免液流分配的不均匀情况。
⑩ 对减压分离塔,其底部抽出管用一根或两根,要根据管道布置确定。
⑪ 减压塔釜液泵应尽量靠近减压塔布置。
⑫ 减压塔釜液泵的备用泵一般不应作为其它泵的公用的备用泵,在无法避免时,减压塔釜液泵的备用泵布置必须尽量靠近减压塔釜液泵,其位置由减压塔釜液泵确定,以不影响作为减压塔釜液泵备用泵的功能为准。
⑬ 一般卧式冷却水泵的吸入管摩擦损失可用异径管公式计算。

3.2.2 泵的压差计算

3.2.2.1 泵吸入压力和最大吸入压力计算

（1）泵吸入压力计算

泵的吸入压力按流量不同可分为正常流量下的吸入压力和设计流量下的吸入压力。

① 正常流量下泵的吸入压力由式(3.2.2-1) 计算：

$$P_{ns}=P_1 \pm 9.81\gamma \cdot H_1-(\Delta P_1 \cdot K_{acc}^2+\Delta P_{el})-\frac{9.81\gamma \cdot H_{1acc}}{K} \qquad (3.2.2-1)$$

式中，P_{ns} 为正常流量下泵的吸入压力，kPa；K_{acc} 为往复泵脉冲损失系数，见表 3.2.1-1，离心泵 K_{acc} 取 1；H_{1acc} 为往复泵吸入管道加速度损失，m 液柱，对离心泵，H_{1acc} 取 0。式中其余符号意义同前。

② 设计流量下泵的吸入压力由式(3.2.2-2) 计算，

$$P_{ds}=P_1 \pm 9.81\gamma \cdot H_1-(\Delta P_1 \cdot K_{acc}^2+\Delta P_{e1})K^2-9.81\gamma \cdot H_{1acc} \quad (3.2.2\text{-}2)$$

式中，P_{ds} 为设计流量下泵的吸入压力，kPa。式中其余符号意义同前。

(2) 泵最大吸入压力计算

泵的最大吸入压力是指泵吸入处可能出现的最高压力，为泵吸入侧容器由于不正常情况可能出现的最高压力及产生的最高液位的净压力之和，如式(3.2.2-3) 所示。

$$P_{s,\max}=P_{1,\max}+9.81H_{1,\max} \cdot \gamma \quad (3.2.2\text{-}3)$$

式中，$P_{s,\max}$ 为泵的最大吸入压力，kPa；$P_{1,\max}$ 为泵吸入侧容器可能出现的最高压力，若有安全阀或爆破片取整定压力或设计爆破压力，kPa；$H_{1,\max}$ 为从吸入侧容器可能出现最高液面到泵基础顶面的垂直距离，m；γ 为泵进口条件下液体的相对密度。

3.2.2.2 泵压差和泵排出压力计算

(1) 泵压差计算

① 泵出口无控制阀的系统

设计流量下，泵最小压差按式(3.2.2-4) 计算：

$$\Delta P_{p,\min}=(P_2-P_1)+9.81(H_2-H_1)\gamma+[(\Delta P_1+\Delta P_2)K_{acc}^2+ \\ \Delta P_{e1}+\Delta P_{e2}] \cdot K^2+9.81\gamma \cdot (H_{1acc}+H_{2acc}) \quad (3.2.2\text{-}4)$$

式中，$\Delta P_{p,\min}$ 为设计流量下泵最小压差，kPa；H_2 为泵出口必须达到的最高点距泵基顶面的垂直距离，m；P_2 为泵排出侧容器正常出现的最高压力，kPa；ΔP_2 为泵出口管道（包括管件、阀门等）正常流量下总摩擦压力降，kPa；ΔP_{e2} 为正常流量下泵排出管道上设备压力降之和（包括工业炉、过滤器、换热器、孔板、喷头、流量计、设备进出管口压力降等），kPa；H_{2acc} 为往复泵排出管道加速度损失，m 液柱，见式(3.2.1-7)，对离心泵 H_{2acc} 取 0。式中其余符号意义同前。

$\Delta P_{p,\min}$ 经取整（小数点后及个位数四舍五入）后加 30kPa 即为泵设计流量下泵的压差（ΔP）。

② 泵出口有控制阀的系统

泵出口管道上有控制阀时，要分析系统情况，确定控制阀压降。一般控制阀允许压降要占整个管道系统可变压降（不包括控制阀压降）的 25% 以上（正常工作条件下），并且控制阀正常流量下允许压降值要大于 70kPa，正常流量时控制阀允许压降下的计算流通系数 C_{vc}（正常）与所选控制阀本身流通系数 C_v 之比为 0.5~1，控制阀公称直径须小于或等于管道公称直径，只有这样才能保证控制阀良好运行，否则要重新选择控制阀或改变管道设计（包括改变管径、管道上附件及管道配置）。

由上述压降经验数据，按式(3.2.2-5) 计算控制阀流通系数 C_{vc}（设计），并以此初步确定控制阀尺寸和流通系数 C_v。

$$C_{vc}(设计) = 10V_{dv}\sqrt{\frac{\gamma}{\Delta P_n}} \quad (3.2.2\text{-}5)$$

式中，C_{vc}（设计）为设计流量时控制阀允许压降下的计算流通系数；ΔP_n 为控制阀压降经验数据，一般取 70kPa；V_{dv} 为通过控制阀的设计流量，m^3/h。式中其余符号意义同前。

要使控制阀具有良好调节性能，系统应满足控制阀压降要求，在设计流量下控制阀必须的最小压降按式（3.2.2-6）计算：

$$\Delta P_{v,min} = 100\gamma\left(\frac{V_{dv}}{C_v}\right)^2 \quad (3.2.2\text{-}6)$$

式中，$\Delta P_{v,min}$ 为设计流量下控制阀必须的最小压降，kPa；C_v 为选定的控制阀的流通系数。式中其余符号意义同前。

泵在设计流量下必须的最小压差（有控制阀时）按下式计算：

$$\Delta P_{p,min} = \Delta P_{v,min} + (P_2 - P_1) + 9.81(H_2 - H_1)\gamma +$$
$$[(\Delta P_1 + \Delta P_2) \cdot K_{acc}^2 + \Delta P_{e1} + \Delta P_{e2}]K^2 + 9.81\gamma \times (H_{1acc} + H_{2acc})$$
$$(3.2.2\text{-}7)$$

式中符号意义同前。

$\Delta P_{p,min}$ 经取整（小数点后及个位数四舍五入）后加 30kPa，并且当式（3.2.2-10）和式（3.2.2-11）成立时，即为泵在设计流量下的压差（ΔP）。

当按上述确定了泵的压差后，在正常流量下由于系统管路的可变压降比设计流量下低，则此时控制阀允许压降要比其在设计流量下必须的最小压降要大。

正常流量下控制阀允许压降按下式计算：

$$\Delta P_v = \Delta P_{v,min} + (K^2 - 1)[(\Delta P_1 + \Delta P_2)K_{acc}^2 + \Delta P_{e1} + \Delta P_{e2}] +$$
$$9.81\gamma \times (1 - 1/K)(H_{1acc} + H_{2acc}) + (\Delta P - \Delta P_{p,min}) \quad (3.2.2\text{-}8)$$

式中，ΔP_v 为正常流量下控制阀允许压降，kPa；ΔP 为泵设计流量下的压差，kPa；$\Delta P - \Delta P_{p,min}$ 为泵压差的圆整值，kPa。式中其余符号意义同前。

正常流量下控制阀允许压降条件下的计算流通系数 C_{vc}（正常）按式（3.2.2-9）计算：

$$C_{vc}(正常) = 10V_{nv}\sqrt{\frac{\gamma}{\Delta P_v}} \quad (3.2.2\text{-}9)$$

式中，C_{vc}（正常）为正常流量时控制阀允许压降下的计算流通系数；V_{nv} 为通过控制阀的正常流量，m^3/h。式中其余符号意义同前。

选定的控制阀必须满足：
$$\frac{C_{vc}(正常)}{C_v} = 0.5 \sim 1 \quad (3.2.2\text{-}10)$$

$$\frac{\Delta P_v}{\Delta P_2 \cdot K_{acc}^2 + \Delta P_{e2}} > 0.25 \tag{3.2.2-11}$$

(2) 泵压头（扬程）计算

$$H = \frac{\Delta P}{9.81\gamma} \tag{3.2.2-12}$$

式中，H 为泵设计流量下的压头（扬程），m 液柱。式中其余符号意义同前。

(3) 泵排出压力计算

正常流量下

$$P_{nd} = P_{ns} + \Delta P \tag{3.2.2-13}$$

式中，P_{nd} 为正常流量下泵的排出压力，kPa。式中其余符号意义同前。

设计流量下

$$P_{dd} = P_{ds} + \Delta P \tag{3.2.2-14}$$

式中，P_{dd} 为设计流量下泵的排出压力，kPa。式中其余符号意义同前。

3.2.3 泵的最大关闭压力计算

3.2.3.1 离心泵

泵的最大关闭压力，是指离心泵在关闭出口阀门（即流量为零）时的泵出口表压力，此值可由泵制造厂提供的零流量扬程来计算。由于管道的事故压力要根据泵的关闭压力来确定，故在 PI 图 A 版阶段必须估算此值，待泵制造厂资料到后，取泵的零流量扬程加 $P_{s,max}$ 算出实际关闭压力。在估算时对一般离心泵，在憋压时按压力升高 20% 计算，离心泵的最大关闭压力按式(3.2.3-1) 计算：

$$P_{c,max} = P_{s,max} + 1.2\Delta P \tag{3.2.3-1}$$

式中，$P_{c,max}$ 为泵的最大关闭压力，kPa。式中其余符号意义同前。

3.2.3.2 往复泵

往复泵其流量与压头（扬程）无直接关系，只要往复泵驱动机功率、泵和管道的强度足够，理论上它的压头（扬程）是没有限制的。因此往复泵运转时，不允许将其排出阀门关死，否则泵驱动机、泵或管道会损坏，往复泵不存在最大关闭压力。

3.2.4 泵的允许吸上真空高度和泵的安装高度

3.2.4.1 泵的允许吸上真空高度

泵不发生汽蚀，其入口处允许的最低绝对压力（表示为真空度），以液柱高度表示，称为泵的允许吸上真空高度。由泵制造厂在大气压为 10m 水柱时以 20℃ 清水进行汽蚀试验测得。若输送介质或工作条件与试验条件不同时，要对泵的允许吸上真空高度进行校正。泵在工作条件下的允许吸上真空高度按式(3.2.4-1)计算。

$$H_s = \left[H_{sw} + \left(\frac{P_a}{9.81} - 10 \right) - \left(\frac{P_v}{9.81} - 0.24 \right) \right] \cdot \frac{1}{\gamma} \quad (3.2.4-1)$$

允许吸上真空高度与泵需要的净正吸入压头的关系，如式(3.2.4-2)。

$$H_s = \frac{P_a - P_v}{9.81\gamma} + \frac{u^2}{2g} - NPSHr \quad (3.2.4-2)$$

式中，H_s 为泵在工作条件下的允许吸上真空高度，m 液柱；H_{sw} 为泵在试验条件下的允许吸上真空高度（由泵制造厂提供），m 水柱；P_a 为泵安装地区大气压力，kPa；γ 为工作温度下输送液体的相对密度；u 为泵进口液体平均流速，m/s；g 为重力加速度，9.81m/s²；10 为试验条件下的大气压力，m 水柱；0.24 为 20℃清水的饱和蒸气压，m 水柱。式中其余符号意义同前。

3.2.4.2 泵的安装高度

(1) 泵的安装高度计算

泵的安装高度是指泵轴中心线与泵吸入液面的垂直距离，实际计算时是指泵基础顶面与泵吸入液面的垂直距离，按式(3.2.4-3)计算；

$$H_g = \frac{P_1 - P_v}{9.81\gamma} - \frac{(\Delta P_1 \cdot K_{acc}^2 + \Delta P_{e1})K^2}{9.81\gamma} - 9.81\gamma \cdot H_{1acc} - NPSHr \quad (3.2.4-3)$$

式中，H_g 为泵的几何安装高度，m。当其为正值时，表示泵基础顶面在吸入液面之上，即为吸上；当其为负值时，表示泵基础顶面在吸入液面之下，即为灌注。式中其余符号意义同前。

当泵吸入容器为敞口时，式(3.2.4-3)可简化为式(3.2.4-4)。

$$H_g = H_s - \left[\frac{u^2}{2g} + (\Delta P_1 \cdot K_{acc}^2 + \Delta P_{e1})K^2 + 9.81\gamma \cdot H_{1acc} \right] \quad (3.2.4-4)$$

式中符号意义同前。

(2) 泵安装高度的确定原则

泵的安装高度的确定原则是保证泵在指定条件下工作而不发生汽蚀。前面计算 NPSHa 时应进行校核，保证 NPSHa 超过 NPSHr 一定余量。在确定泵的实际安装高度时，灌注时应使 $H \geqslant H_g$，吸上时应使 $H \leqslant H_g$。泵的安装高度采用泵可能最大使用流量（流量增大，NPSHr 增大，导致 H_g 发生变化）来计算外，还应包括吸入管道压力降在使用后的增长因素，要根据不同情况对计算的安装高度加上适当的余量。

3.3 泵的计算举例

某装置解吸塔给料泵，正常流量为 32.6m³/h，设计流量为 37.49m³/h，流量安全系数 1.15，输送流体温度 50℃，相对密度 0.99，黏度 0.8mPa·s，饱和蒸气压力为 59.8kPa（50℃时），吸入侧容器压力为 101kPa，排出侧容器压力为 588.4kPa。泵排出管线上有孔板和换热器,正常流量下压降分别为 20kPa 和 50kPa,流程简图见图 3.3-1,试进行泵的系统计算,并填写泵计算表。

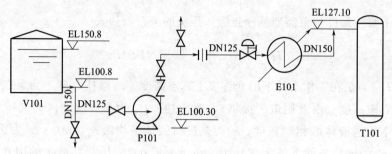

图 3.3-1 装置流程简图

已知:泵入口管道直管长度 DN150 段 $L=15\text{m}$,DN125 段 $L=3\text{m}$;泵排出管道直管长度 DN125 段 $L=2\text{m}$,DN150 段 $L=34\text{m}$。

解:(1) 泵进出口管道压降计算

泵入口管:

$$u=\frac{4V}{\pi d^2}=\frac{4\times 32.6}{3.14\times 0.15^2\times 3600}=0.513(\text{m/s})$$

$$Re=\frac{du\rho}{\mu}=\frac{0.15\times 0.513\times 990}{0.8\times 10^{-3}}=95226$$

选择输送管路为新的无缝钢管,按表 3.3-1 取绝对粗糙度 $\varepsilon=0.2\text{mm}$,则:

$$\frac{\varepsilon}{d}=\frac{0.0002}{0.15}=0.00133$$

由 $Re=95226$ 和 $\varepsilon/d=0.00133$,查图 3.3-2 得 λ 为 0.023。

表 3.3-1 某些工业管道的绝对粗糙度

金属管	绝对粗糙度 ε/mm	非金属管	绝对粗糙度 ε/mm
无缝黄铜管、铜管及铝管	0.01~0.05	干净玻璃管	0.0015~0.01
新的无缝钢管、镀锌铁管	0.1~0.2	橡胶软管	0.01~0.03
新的铸铁管	0.3	木管道	0.25~1.25
具有轻度腐蚀的无缝钢管	0.2~0.3	陶土排水管	0.45~6.0
具有显著腐蚀的无缝钢管	0.5 以上	很好整平的水泥管	0.33
旧的铸铁管	0.85 以上	石棉水泥管	0.03~0.8

正常流量 32.6m³/h 下单位管长压降:

DN150 管段

$$\sum H_f=\frac{\lambda L}{d}\cdot\frac{u^2}{2g}=\frac{0.023\times 1\times 0.513^2}{0.15\times 2\times 9.81}=0.0026(\text{m 液柱/m})=2.06(\text{mm 液柱/m})$$

同理可得 DN125 管段为 5.23mm 液柱/m。

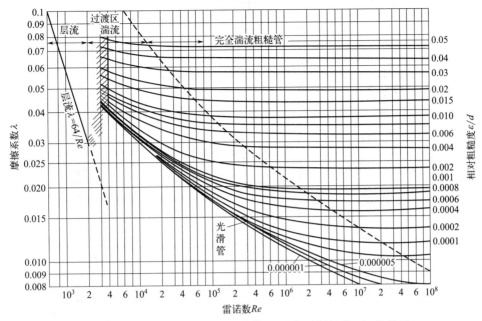

图 3.3-2 管流摩擦系数 λ 与雷诺数 Re 及相对粗糙度 ε/d 的关系

正常流量 32.6m³/h 下阀门、管件当量长度，需查图 3.3-3 管件与阀门的当量长度共线图，可得：

泵入口管道阀门、管件当量长度 DN150 段 L_e=10m，DN125 段 L_e=31m；

泵排出管道阀门、管件当量长度 DN150 段 L_e=134m，DN125 段 L_e=76m。

则正常流量下泵吸入管道和排出管道的压降分别为：

$$\Delta P_1=(15+10)\times2.06+(3+31)\times5.23=229.32(\text{mm 液柱})=2.23\text{kPa}$$

$$\Delta P_2=(2+76)\times5.23+(34+134)\times2.06=754.02(\text{mm 液柱})=7.32\text{kPa}$$

泵进出管道其它压降

$$\Delta P_{e1}=0$$

$$\Delta P_{e2}=20+50=70(\text{kPa})$$

（2）NPSHa 计算

$$NPSHa=\frac{P_1-P_v}{9.81\gamma}+H_1-\frac{(\Delta P_{e1}+\Delta P_1)K^2}{9.81\gamma}$$

$$=\frac{101-59.8}{9.81\times0.99}+(100.8-100.3)-\frac{(0+2.23)\times1.15^2}{9.81\times0.99}=4.44(\text{m 液柱})$$

$NPSHa$ 的安全裕量取 0.6m，则最终的 NPSHa 为 4.44-0.6=3.84(m 液柱)。

（3）泵吸入条件计算

正常流量下泵的吸入压力

$$P_{ns}=P_1+9.81H_1\cdot\gamma-(\Delta P_{e1}+\Delta P_1\cdot K_{acc}^2)-\frac{9.81\gamma\cdot H_{1acc}}{K}$$

$$=101+9.81\times0.5\times0.99-(0+2.23\times1^2)-0=103.63\text{kPa}$$

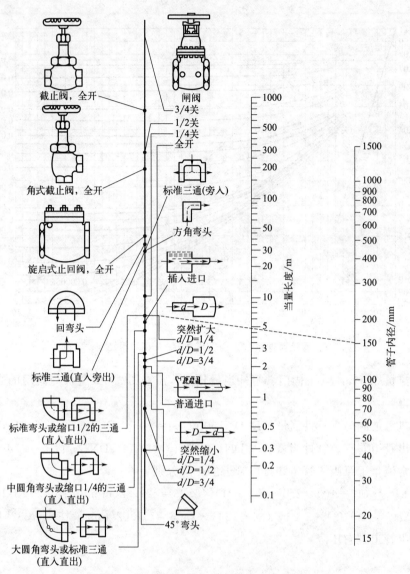

图 3.3-3 管件与阀门的当量长度共线图

设计流量下泵的吸入压力

$$P_{ds} = P_1 + 9.81 H_1 \cdot \gamma - (\Delta P_{e1} + \Delta P_1 \cdot K_{acc}^2)K^2 - 9.81\gamma \cdot H_{1acc}$$

$$= 101 + 9.81 \times 0.5 \times 0.99 - (0 + 2.23 \times 1^2) \times 1.15^2 - 0 = 102.91 \text{kPa}$$

泵的最大吸入压力

$$P_{s,max} = P_{1,max} + 9.81 H_{1,max} \cdot \gamma$$

$$= 101 + 9.81 \times (150.8 - 100.3) \times 0.99 = 590.95 \text{kPa}$$

(4) 泵排出条件计算

初选控制阀

$$C_{vc}(\text{设计}) = 10 V_{dv} \sqrt{\frac{\gamma}{\Delta P_n}} = 10 \times 37.49 \times \sqrt{\frac{0.99}{70}} = 44.58$$

选择气动单座控制阀，C_v 值按下式计算：

$$C_v = 1.17 V_{dv} \sqrt{\frac{\gamma}{\Delta P'}}$$

（式中，$\Delta P'$ 为阀前后压差，10^5 Pa;）

本题阀前压力约为 7.53×10^5 Pa；阀后压力约为 5.834×10^5 Pa，

即 $$C_v = 1.17 \times 37.49 \times \sqrt{\frac{0.99}{7.53 - 5.834}} = 33.51 \approx 34$$

则 $$\Delta P_{v,min} = 100\gamma \left(\frac{V_{dv}}{C_v}\right)^2 = 100 \times 0.99 \left(\frac{37.49}{34}\right)^2 = 120.37 \text{kPa}$$

泵最小压差

$$\begin{aligned}\Delta P_{p,min} &= \Delta P_{v,min} + (P_2 - P_1) + 9.81(H_2 - H_1)\gamma + [(\Delta P_1 + \Delta P_2)K_{acc}^2 + \Delta P_{e1} + \Delta P_{e2}]K^2 \\ &= 120.37 + (588.4 - 101) + 9.81 \times (127.1 - 100.3) \times 0.99 \\ &\quad + [(2.23 + 7.32) \times 1^2 + 0 + 70] \times 1.15^2 = 973.25 \text{kPa}\end{aligned}$$

经圆整得 $\Delta P = 1003$ kPa

控制阀正常流量下允许压降

$$\begin{aligned}\Delta P_v &= \Delta P_{v,min} + (\Delta P - \Delta P_{p,min}) + (K^2 - 1)[(\Delta P_1 + \Delta P_2) \times K_{acc}^2 + \Delta P_{e1} + \Delta P_{e2}] \\ &= 120.37 + (1003 - 973.25) + (1.15^2 - 1) \times [(2.23 + 7.32) \times 1^2 + 0 + 70] \\ &= 175.77 \text{kPa}\end{aligned}$$

控制阀正常流量下计算流通系数

$$C_{vc}(\text{正常}) = 10 V_{nv} \sqrt{\frac{\gamma}{\Delta P_v}} = 10 \times 32.6 \times \sqrt{0.99/175.77} = 24.47$$

流通系数比

$C_{vc}(\text{正常})/C_v = 24.47/34 = 0.72 > 0.5$ 且 $0.72 < 1$，满足要求。

可变压降比

$$\frac{\Delta P_v}{\Delta P_2 \cdot K_{acc}^2 + \Delta P_{e2}} = \frac{175.77}{7.32 \times 1^2 + 70} = 2.27 > 0.25，满足要求。$$

以上说明选定的控制阀合适，经圆整的 ΔP 即为泵的压差。

泵压头（扬程）

$$H = \frac{\Delta P}{9.81\gamma} = \frac{1003}{9.81 \times 0.99} = 103.28 \text{m 液柱}$$

正常流量下泵的排出压力

$$P_{nd} = P_{ns} + \Delta P = 103.63 + 1003 = 1106.63 \text{kPa}$$

设计流量下泵的排出压力

$$P_{dd} = P_{ds} + \Delta P = 102.91 + 930 = 1032.91 \text{kPa}$$

泵的最大关闭压力

$$P_{c,max} = P_{s,max} + 1.2\Delta P = 590.95 + 1.2 \times 1003 = 1794.55 \text{kPa}$$

（5）用泵计算表计算

按泵计算表中逐项填写计算，见表 3.3-2。

表 3.3-2 泵数据汇总表

泵数据汇总表

工程 _____
装置 _____
车间或工段（区）_____
工程号 _____
第　页　共　页

位号	流量/(m³/h)		泵压差(设计流量下)/kPa	压力(设计能力下)		有效NPSH/m液柱	最大吸入压力/kPa	最大关闭压力/kPa	吸入				排出			
	正常	设计		吸入/kPa	排出/kPa				管径DN	管道类别	法兰等级	法兰型式	管径DN	管道类别	法兰等级	法兰型式
P101	32.6	37.5	1003	102.9	1032.9	3.84	1794.55	1358.0	150	M1B	1.6MPa	SORF	125	M1B	1.6MPa	SORF

版次	日期	编制	校核	审核

版次或修改

第4章 换热器的设计

4.1 换热器的基本单元模式

本章主要介绍常用的间壁式换热器的基本单元模式，以化工生产中使用最多的列管式换热器为例。

4.1.1 管道设计的一般要求

4.1.1.1 切断阀

工艺侧一般不设置切断阀，下列情况除外。

（1）设备在生产中需要从流程中切断（停用或在线检修）时，在工艺侧应设置切断阀，并需设旁路。

（2）两侧均为工艺流体，需调节的一侧按需要设置控制阀、切断阀和旁路管道。

（3）两台互为备用的换热器，需分别在工艺侧设切断阀。非工艺侧的传热介质（水蒸气、热传导液、冷却水等），在进出换热器处通常需要设置切断阀。一般可选用闸阀或蝶阀，有粗略的调节流量要求时，选用截止阀。

4.1.1.2 安全泄压阀

冷介质的进出口均有切断阀时，应在此两个切断阀之间的冷介质出口管上设置安全泄压阀。

4.1.1.3 排气口和排净口

换热设备（换热器）的排气口和排净口按下述要求设计：

（1）在设计换热器配管时，要使得通过操作管道将气体（开工时的置换气体或过程中产生的气体）及需排净的液体全部置换、排放和排净，在管道上或在其他设备上不能提供排气和排净口时，应在换热器筒体（封头和管箱）上设置排气和排净口，在换热器筒体上的排气和排净口一般用丝堵，并用堵头堵塞，不表示在 PI 图上，如需装阀门，应表示在 PI 图上；

(2) 排气口与排净口设阀门或设丝堵，需根据操作频繁程度及介质种类而定；

(3) 为了换热设备的顺利排净，在设备或管道的高点也应设排气口；

(4) 排气口、排净口装阀门后，可能产生冻结或因为阀门价格昂贵（如合金钢阀门），可以取消排气阀，在这种情况下，要指出由于气体没有排净而存在的气（汽）室对换热器引起的腐蚀及热应力的影响；

(5) 液体走立式换热器壳程时，上管板排气口要装阀；

(6) 倾斜式（向下倾或向上倾）换热器的壳程走液体，上管板排气口应装阀。

(7) 水蒸气冷凝和气体冷凝。通常不凝气的分子量比水蒸气要大，因此不凝气将积聚在水蒸气相的底部，低分子量的不凝气（如在多效蒸发器内），应当设置高点排气口。

① 根据所选用的蒸汽疏水阀类型即疏水阀排放不凝气的能力，来决定是否在疏水阀管道上和蒸汽冷凝水设备上，安装带有阀门的排气口。

② 设备上应在远离蒸汽进口一侧的高点设置装有阀门的排气口。

③ 出现冷凝水液面（即调节冷凝水淹没列管高度）的设备，液面计的接口可用于不凝气的排气口。

④ 气体冷凝可采用与水蒸气相同的方法来设置排气口，安装一些装有阀门的排气口。

⑤ 当工艺设计中已经提出合理的不凝气排除措施时，可不另在冷凝设备上设置排气口。

(8) 气化器

进料液体被蒸发的气化器、增浓器、锅炉等应设有一处或几处带阀门的低点排净口，排放沉积物、含大量可溶性物质的液体或难挥发的液体，排净口的大小应与工艺要求相符。

(9) 再沸器

立式再沸器顶部封头上不设排气口，如需要设置，通常采用丝堵。

(10) 化学品清洗口

通常在换热器上不设置化学品清洗口，特殊条件下应按工艺要求来设置。

(11) 防冻管道

寒冷地区的水冷却设备，应在冷却水进出口管道之间设防冻管道。

4.1.2 仪表控制设计的一般要求

4.1.2.1 温差检测

根据工艺要求，通常应对于每一台工艺换热器（不包括装在设备上的小型公用工程换热器）设置温差（即对数平均温差）的检测，一般要求如下：

(1) 蒸汽加热器在供汽管上设置压力指示，冷凝水温度不需检测。

(2) 蒸汽发生和直接制冷冷却器采用压力指示，液体进料温度不设检测点。

(3) 共用液体公用工程物料（冷却水、热传导液等）的换热器组，只需在公用工程物料进料总管上检测温度。

(4) 利用壳程内液体（包括冷凝水）淹没管程高度的不同而引起有效传热面积变化的换热器，应设置液面指示。

4.1.2.2 控制

通过换热器进行冷却、加热、蒸发等换热过程的控制，应以工艺物料的要求来选择合适的控制方案，通常根据工艺物料出口温度来调节冷（热）载体的流量，从而实现温度控制。

(1) 冷却器

① 温度检测、指示

冷却器冷却水出口及被冷却的工艺物料出口均应设温度检测，根据重要性分别采用不同的测温措施，例如只设温度计套管、就地温度计，在控制室显示的温度计及可调控其它参数或报警的温度计，图 4.1.2-1 为简单的温度检测指示，只设有测温点。

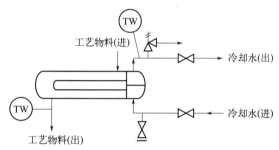

图 4.1.2-1　冷却器温度检测指示

② 温度控制

根据被冷却的工艺物料出口温度来调节冷载体（冷却水）的流量，如图 4.1.2-2 所示，图示控制方案为比较复杂的温度控制模式，冷却水出口只设测温点，被冷却的工艺物料除流量控制外，工艺物料出口设有温度报警和工艺出口温度对冷却水量调节，这里假定

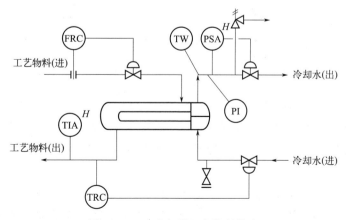

图 4.1.2-2　冷却器温度控制模式

被冷却物料压力高于水侧（例如液化气），当换热器内漏时，水侧压力升高可通过压力（PI）监视，可由 PSA 进行报警并切断冷却水管道，在实际设计中，应根据工艺要求对图 4.1.2-2 的控制方案进行控制、指示、检测指标的取舍。

（2）蒸发器

① 工艺物料被热载体加热蒸发

以蒸汽加热的蒸发器为例，如图 4.1.2-3 所示。工艺物料侧为在压力下蒸发，采用蒸发压力（蒸发量）来调节加热蒸汽量，如工艺有要求，可在物料侧增加压力和温度报警（PIA，TIA）（图中未表示）。若为常压蒸发，则加热的蒸汽量可由工艺物料的出料量来调节，如图 4.1.2-4 所示，或由液面来调节，如图 4.1.2-5 所示。

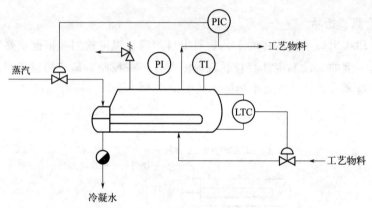

图 4.1.2-3　蒸汽加热的蒸发器控制方案（一）

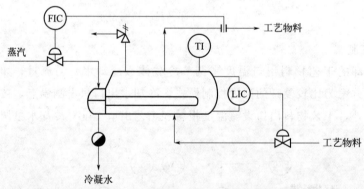

图 4.1.2-4　蒸汽加热的蒸发器控制方案（二）

② 制冷剂蒸发冷却工艺物料

制冷剂蒸发冷却工艺物料的控制模式，如图 4.1.2-6 所示。

根据工艺物料所需的温度（出口处温度）来调节制冷剂的蒸发量，确保被冷却的工艺物料出口温度。

冷热物料换热的控制模式，如图 4.1.2-7 所示，采用旁通某一侧物流的方法。

图中 A 物料为温度要求严格的物料，用三通阀调节通过换热器的流量或调节装在旁路上的控制阀达到调温的目的。假定 B 物料为液体，由于上进下出，在出口处设置向上的液封管。

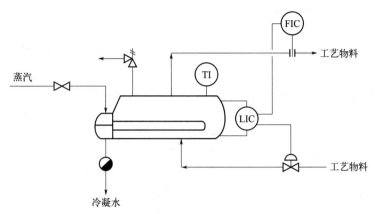

图 4.1.2-5　蒸汽加热的蒸发器控制方案（三）

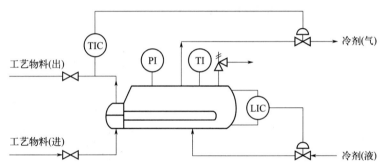

图 4.1.2-6　制冷剂蒸发器控制模式

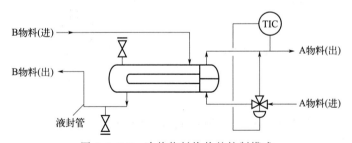

图 4.1.2-7　冷热物料换热的控制模式

4.1.3　基本单元模式

4.1.3.1　水为冷却介质的冷却器、冷凝器

（1）水冷却器的一般要求

① 参照 4.1.1.3 设置换热器的排气阀。

② 当换热器安装高于 10m 时，注意回水管的设计（设置背压调节器或限流孔板或采

取其他措施），防止冷却水在换热器中气化或破坏设备。

③ 寒冷地区，冷却水应设防冻管道。

④ 回水管出口阀上游应设安全泄压阀。

⑤ 设排净阀。

⑥ 冷却水进、出管上是否设压力表应根据工艺要求和总管安排来决定。

（2）闭路回水（压力回水）的水冷却器

① 闭路回水的水冷却器的基本单元模式，如图 4.1.3-1 所示。

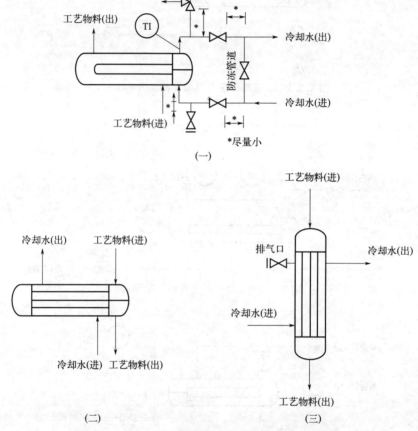

图 4.1.3-1　闭路回水的水冷却器基本单元模式

② 在图 4.1.3-1 中，模式（一）为管程走冷却水的换热器基本单元模式。模式（二）、（三）为壳程走冷却水的换热器基本单元模式，其中冷却水系统的检测点和阀门组合同模式（一）。

（3）开放式回水（自流回水）的水冷却器

① 开放式回水的水冷却器基本单元模式，如图 4.1.3-2 所示。

② 在图 4.1.3-2 中，模式（一）为管程走冷却水的换热器基本单元模式；模式（二）、（三）为壳程走冷却水的换热器基本单元模式，其中冷却水系统的检测点和阀门组合同模式（一）。

第4章 换热器的设计

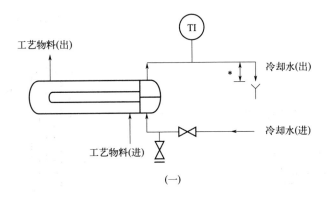

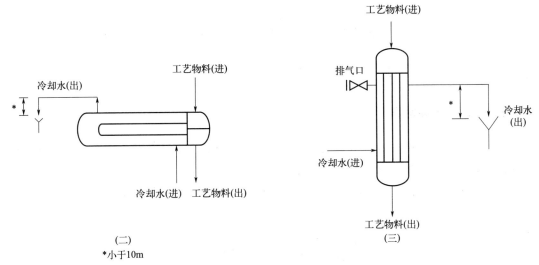

(二)
*小于10m

图 4.1.3-2 开放式回水的水冷却器基本单元模式

(4) 调节回水量的水冷却器

① 调节回水量的水冷却器基本单元模式,如图 4.1.3-3 所示。

② 在图 4.1.3-3 中,模式(一) 为管程走冷却水的换热器基本单元模式;模式(二)、(三) 为壳程走冷却水的换热器基本单元模式,其中冷却水系统的检测点和阀门的组合同模式(一)。

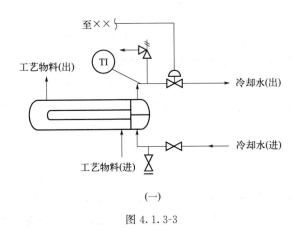

图 4.1.3-3

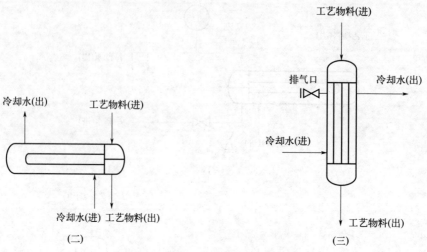

图 4.1.3-3 调节回水量的水冷却器基本单元模式

4.1.3.2 水蒸气换热器

（1）水蒸气加热的立式或卧式换热器，蒸汽走壳（或管）程，从上部进入，冷凝水从下部排出，基本单元模式如图 4.1.3-4 所示。

水蒸气进口管切断阀上游，设置安全阀，防止超压蒸汽进入换热器。

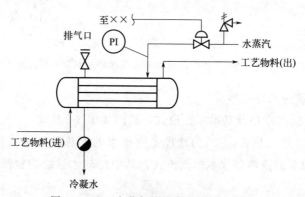

图 4.1.3-4 水蒸气换热器基本单元模式

（2）使用水蒸气的加热器，每台设备应设单独的疏水阀。当冷凝水量较大时，使用数个（2～3）疏水阀并联；当所需疏水阀数更多时，改用冷凝水排出罐的方案，如图 4.1.3-5 所示。

（3）套管式换热器用蒸汽加热时，各程的冷凝水通常分别引至冷凝水集合管，再经疏水阀排出，如图 4.1.3-6 所示。

4.1.3.3 再沸器

再沸器是换热器，应符合换热器基本单元模式要求。再沸器作为蒸馏塔系统的一部分，器内液体沸腾产生气体，有其特殊的管道设计要求，并应根据蒸馏塔系统的总的工艺要求来决定控制方案和仪表设置。蒸馏塔与再沸器的组合、管道和仪表控制设计要求及基本单元模式，见本书第 5 章。

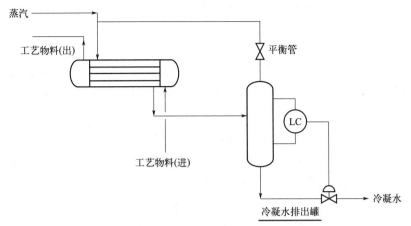

图 4.1.3-5　冷凝水排出罐基本单元模式

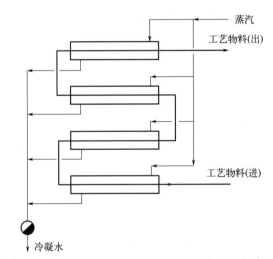

图 4.1.3-6　套管式蒸汽加热器的冷凝水集合管基本单元模式

4.2　换热器的设计

4.2.1　换热器的分类和选用

4.2.1.1　换热器的分类

（1）按工艺功能分类

① 冷却器

冷却器是冷却工艺物流的设备。冷却剂多采用水，若要求冷却温度低时，可采用合适温度的冷却剂。

② 加热器

加热器是加热工艺物流的设备。一般多采用水蒸气作为加热介质，也可采用导热油、熔盐等作为加热介质。

③ 再沸器

再沸器是用于蒸发蒸馏塔底物料的设备。热虹吸式再沸器中的被蒸发的物料依靠液压头、液位差自然循环蒸发。用泵使动力循环式再沸器中的被蒸发物流进行循环蒸发。

④ 冷凝器

冷凝器是用于蒸馏塔顶物流的冷凝或者反应器冷凝循环回流的设备。分凝器可用于多组分的冷凝，最终冷凝温度高于混合组分的泡点，仍有一部分组分未冷凝，以达到再一次分离的目的；分凝器还可用于含有惰性气体的多组分的冷凝，排出的气体含有惰性气体和未冷凝组分。对于全凝器，多组分冷凝器的最终冷凝温度等于或低于混合组分的泡点，所有组分全部冷凝。为了达到工艺要求，可将冷凝液再过冷。

⑤ 蒸发器

蒸发器是专门用于蒸发溶液中水分或者溶剂的设备。

⑥ 过热器

过热器是对饱和蒸汽再加热升温的设备。

⑦ 废热锅炉

废热锅炉是从工艺的高温物流或者废气中回收其热量而产生蒸汽的设备。

⑧ 热交换器

热交换器是两种不同温度的工艺物流相互进行显热交换能量的设备。

(2) 按传热方式和结构分类

a. 间壁传递热量式

间壁式换热器的特性见表 4.2.1-1。

表 4.2.1-1 间壁式换热器的特性

分类	名称	特性	相对费用	耗用金属 /(kg/m²)
管壳式	固定管板式	使用广泛，已系列化；壳程不易清洗；管壳两物流温差大于60℃时应设置膨胀节，最高使用温差不应大于120℃	1.0	30
	浮头式	壳程易清洗；管壳两物料温差大于120℃；内垫片易渗漏	1.22	46
	填料函式	优缺点同浮头式，造价高，不宜制造大直径	1.28	
	U形管式	制造、安装方便，造价较低，管程耐高压；但结构不紧凑，管子不易更换，不易机械清洗	1.01	
板式	板翅式	结构紧凑、传热效率高，可多股物料同时换热，使用温度不高于150℃	0.6	
	螺旋板式	制造简单、结构紧凑，可用于带颗粒物料，温位利用好；不易检修		16
	伞板式	制造简单、结构紧凑、成本低、易清洗，使用压力不大于1.2MPa，使用温度不高于150℃		50

续表

分类	名称	特性	相对费用	耗用金属/(kg/m²)
板式	波纹板式	结构紧凑、传热效率高、易清洗，使用温度不高于150℃，使用压力不高于1.5MPa	0.6	16
	板框式	传热性能较好，紧凑，灵活性大，成本较低，便于快速拆装，操作性能良好		
管式	空冷器	投资和操作费用一般较水冷低，维修容易，但受周围空气温度影响大	0.8~1.8	
	套管式	制造方便，不易堵塞，耗金属多，使用面积不宜大于20m²	0.8~1.4	150
	喷淋管式	制造方便，可用海水冷却，造价较套管式低，对周围环境有水雾腐蚀	0.8~1.1	60
	箱管式	制造简单，占地面积大，一般作为出料冷却	0.5~0.7	100
薄膜式	升降膜式	接触时间短，效率高，无内压降，浓缩比不大于5		
	刮板薄膜式	接触时间短，适于高黏度、易结垢物料，浓缩比为11~20		
	离心薄膜式	受热时间短，清洗方便，效率高，浓缩比不大于15		
其他型式	板壳式热管	结构紧凑、传热好、成本低、压降小，较难制造		24

b. 直接接触传递热量式

直接接触式换热器的特性见表 4.2.1-2。

表 4.2.1-2 直接接触式换热器的特性

塔式	填料塔式	格栅	木制格栅
			纸质油浸蜂窝式
			铝制波纹板式
			陶制波纹板式
		拉西环等各种填料	
		湍球塔	
	孔板式	栅板式	
		斜板式	
		淋降板式	
喷射式		文丘里式	
		管孔喷淋式	
		管道内注入式	

4.2.1.2 管壳式换热器的选用

管壳式换热器的种类繁多，有多种多样的结构，都有其自身的结构特点及其相应的工作特性。换热器选型将直接影响到换热器的运行及生产工艺过程的实现。因此，要使换热器能在给定的实际条件下很好地运行,必须在熟悉和掌握换热器的结构及其工作特点的基础上,并根据所给定的具体生产工艺条件,对换热器进行合理的选型。对换热器进行选型时,应尽量满足以下要求:具有较高的传热效率、较低的压力降;质量轻且能承受操作压力,有可靠的使用寿命;操作安全可靠;所使用的材料与过程流体相容;设计计算方便,制造简单,安装容易,易于维护与维修。

实际选型中,这些选择原则往往是相互矛盾、相互制约的。具体选型时,需要抓住实际工况下最重要的影响因素或换热器所需满足的最主要目的,解决主要矛盾。管壳式换热器零部件及名称见表 4.2.1-3。

表 4.2.1-3 管壳式换热器零部件及名称

序号	名称	序号	名称	序号	名称
1	管箱平盖	17	螺母	33	活动鞍座(部件)
2	平盖管箱(部件)	18	外头盖垫片	34	换热管
3	接管法兰	19	外头盖侧法兰	35	挡管
4	管箱法兰	20	外头盖法兰	36	管束(部件)
5	固定管板	21	吊耳	37	固定鞍座(部件)
6	壳体法兰	22	放气口	38	滑道
7	防冲板	23	凸形封头	39	管箱垫片
8	仪表接口	24	浮头法兰	40	管箱圆筒
9	补强圈	25	浮头垫片	41	封头管箱(部件)
10	壳程圆筒	26	球冠形封头	42	分程隔板
11	折流板	27	浮动管板	43	耳式支座(部件)
12	旁路挡板	28	浮头盖(部件)	44	膨胀节(部件)
13	拉杆	29	外头盖(部件)	45	中间挡板
14	定距管	30	排液口	46	U形换热管
15	支持板	31	钩圈	47	内导流筒
16	双头螺柱或螺栓	32	接管		

1. 浮头式换热器

浮头式换热器针对固定管板式做了结构上的改进。两端管板只有一端与壳体完全固定,另一端则可相对于壳体作某些移动,该端称之为浮头,如图 4.2.1-1 所示。此类换热器的管束膨胀不受壳体的约束,所以壳体与管束之间不会因膨胀量的不同而产生热应力。而且在清洗和检修时,仅需将管束从壳体中抽出即可,所以能适用于管壳壁间温差较大,或易于腐蚀和易于结垢的场合。但该类换热器结构复杂、笨重,造价约比固定管板式高 20%,材料消耗量大,而且由于浮头的端盖在操作中无法检查,所以在制造和安装时要特别注意其密封,以免发生内漏,管束和壳体的间隙较大,在设计时要避免短路。壳程的压力也受滑动接触面的密封限制。浮头式换热器主要零部件及名称见图 4.2.1-1 及表 4.2.1-3。

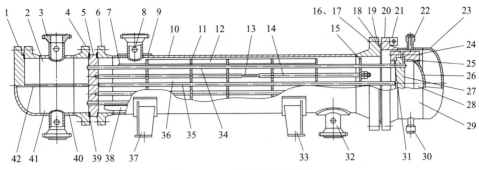

图 4.2.1-1　浮头式换热器

2. 固定管板式换热器

这类换热器如图 4.2.1-2 所示。固定管板式换热器的两端和壳体连为一体，管子则固定于管板上，它的结构简单；在相同的壳体直径内，排管最多，比较紧凑；由于这种结构使壳侧清洗困难，所以壳程宜用于不易结垢和清洁的流体。当管束和壳体之间的温差太大而产生不同的热膨胀时，常会使管子与管板的接口脱开，从而发生介质的泄漏，为此常在外壳上焊一膨胀节，但它仅能减小而不能完全消除由温差而产生的热应力，且在多程换热器中，这种方法不能照顾到管子的相对移动。由此可见，这种换热器比较适用于温差不大或温差较大但壳程压力不高的场合。

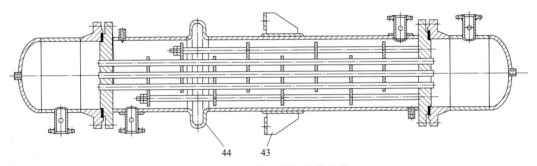

图 4.2.1-2　固定管板式换热器

3. U 形管式换热器

U 形管式换热器仅有一个管板，管子两端均固定于同一管板上，如图 4.2.1-3 所示。这类换热器的特点是：管束可以自由伸缩，不会因管壳之间的温差而产生热应力，热补偿性能好；管程为双管程，流程较长，流速较高，传热性能较好；承压能力强；管束可从壳体内抽出，便于检修和清洗，且结构简单，造价便宜。但管内清洗不便，管束中间部分的管子难以更换，又因最内层管子弯曲半径不能太小，在管板中心部分布管不紧凑，所以管子数不能太多，且管束中心部分存在间隙，壳程流体易于短路而影响壳程换热。此外，为了弥补弯管后管壁的减薄，直管部分必须用壁较厚的管子，这就影响了它的使用场合，仅宜用于管壳壁温相差较大，或壳程介质易结垢而管程介质不易结垢，高温、高压、腐蚀性强的场合。

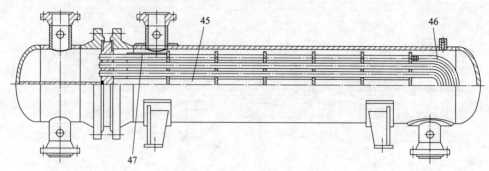

图 4.2.1-3　U 形管式换热器

4.2.2　列管换热器的设计

4.2.2.1　工艺条件

(1) 温度

冷却水的出口温度不宜高于 60℃，以免结垢严重。高温端的温差不应低于 20℃，低温端的温差不应低于 5℃。当在两工艺物流之间进行换热时，低温端的温差不应低于 20℃。当采用多管程、单壳程的管壳式换热器，并用水作为冷却剂时，冷却水的出口温度不应高于工艺物流的出口温度。

在冷却或者冷凝工艺物流时，冷却剂的入口温度应高于工艺物流中易结冻组分的冰点，一般高 5℃。在对反应物进行冷却时，为了控制反应，应维持反应物流和冷却剂之间的温差不低于 10℃。当冷凝带有惰性气体的工艺物料时，冷却剂的出口温度应低于工艺物料的露点，一般低 5℃。换热器的设计温度应高于最大使用温度，一般高 15℃。

(2) 压力降

增加工艺物流流速，可增加传热系数，使换热器结构紧凑，但增加流速将影响换热器的压力降，使磨蚀和振动破坏加剧等。压力降增加，动力消耗增加，因此，通常有一个允许的压力降范围，见表 4.2.2-1。

表 4.2.2-1　允许的压力降范围

工艺物料的压力状况		允许压力降 Δp/kPa
工艺气体	真空	<3.5
	常压	3.5～14
	低压	15～25
	高压	35～70
工艺液体		70～170

(3) 物流的安排及流动空间的选择

换热过程中的冷热介质的进、出口流向安排，应满足于得到最大的（对数）平均温差的需要，满足于工艺过程的要求。液体介质一般应下进上出，但也应满足上述要求，若液体介质上进下出时,则出口应设置向上的液封管或加控制阀,以避免该介质侧液体流空,不利于传热,如图 4.2.2-1 所示。

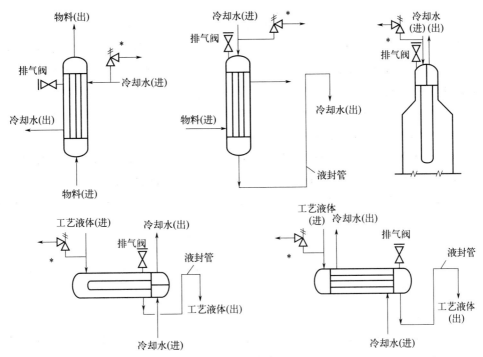

*在流向向下的液体侧,如需设置安全阀,此处为推荐位置。

图 4.2.2-1　液体的流向向下的换热器

在管壳式换热器的计算中,首先需决定何种流体走管程,何种流体走壳程,这需遵循以下一般原则。

① 应尽量提高两侧传热系数较小的一个,使传热面两侧的传热系数接近。

② 在运行温度较高的换热器中,应尽量减少热量损失,而对于一些制冷装置,应尽量减少其冷量损失。

③ 管、壳程的选择应做到便于清洗除垢和修理,以保证运行的可靠性。

④ 应减小管子和壳体因受热不同而产生的热应力。从这个角度来说,顺流式就优于逆流式,因为顺流式进出口端的温度比较平均,不像逆流式那样热、冷流体的高温部分均集中于一端,低温部分集中于另一端,易于因两端胀缩不同而产生热应力。

⑤ 对于有毒的介质或气相介质,必使其不泄漏,应特别注意其密封,密封不仅要可靠,而且应方便及简单。

⑥ 应尽量避免采用贵金属,以降低成本。

以上这些原则有些是相互矛盾的,所以在具体设计时应综合考虑,决定哪一种流体走管程,哪一种流体走壳程。

① 宜于通入管内空间的流体

a. 不清洁的流体　因为在管内空间得到较高的流速并不困难,而流速高,悬浮物不易沉积，且管内空间也便于清洗。

b. 体积小的流体　因为管内空间的流动截面往往比管外空间的截面小，流体易于获得必要的理想流速，而且也便于做成多程流动。

c. 有压力的流体　因为管子承压能力强，而且还简化了壳体密封的要求。

d. 腐蚀性强的流体　因为只有管子及管箱才需用耐腐蚀材料，而壳体及管外空间的所有零件均可用普通材料制造，所以造价可以降低。此外，在管内空间装设保护用的衬里或覆盖层也比较方便，并容易检查。

e. 与外界温差大的流体　因为可以减少热量的逸散。

② 宜于通入管间空间的流体

a. 当两流体温度相差较大时，α 值大的流体走管间，可以减少管壁与壳壁间的温度差，因而也减少了管束与壳体间的相对伸长，故温差应力可以降低。

b. 若两流体给热性能相差较大时，α 值小的流体走管间，此时可以用翅片管来平衡传热面两侧的给热条件，使之相互接近。

c. 饱和蒸汽对流速和清理无甚要求，并易于排除冷凝液。

d. 黏度大的流体管间的流动截面和方向都在不断变化，在低雷诺数下，管外给热系数比管内的大。

e. 泄漏后危险性大的流体可以减少泄漏机会，以保安全。

此外，易析出结晶、沉渣、淤泥以及其他沉淀物的流体，最好通入比较更容易进行机械清洗的空间。在管壳式换热器中，一般易清洗的是管内空间。但在 U 形管、浮头式换热器中易清洗的都是管外空间。

(4) 流速的确定

当流体不发生相变时，介质的流速高，换热强度大，从而可使换热面积减少、结构紧凑、成本降低，一般也可抑制污垢的产生。但流速大也会带来一些不利的影响，诸如压降 ΔP 增加，泵功率增大，且加剧了对传热面的冲刷。

换热器常用流速的范围见表 4.2.2-2 至表 4.2.2-5。

表 4.2.2-2　水的流速表（管内）

类别	管材	最低流速/(m/s)	最高流速/(m/s)	适宜流速/(m/s)
凝结水	钢管	0.6～0.9	3.0	
河水（干净的）	钢管	0.6～0.9	3.7	
循环水（处理的）	钢管	0.6～0.9	3.7	1.8～2.4
海水	含铜镍的管	0.75～0.9	3.0	
海水	铝铜管	0.75～0.9	2.4	

表 4.2.2-3　常用流体流速范围

流体种类		一般液体	易结垢液体	气体
流速/(m/s)	管程	0.5～3.0	>1	5～30
	壳程	0.2～1.5	>0.5	3～15

表 4.2.2-4　不同黏度的液体在换热器内的最大流速

液体黏度/(mPa·s)	>1500	1500～500	500～100	100～35	35～1	<1
最大流速/(m/s)	0.6	0.75	1.1	1.5	1.8	2.4

表 4.2.2-5　壳程气体最大允许速度　　　　单位：m/s

压力/MPa	分子量					
	18	29	44	100	200	400
0.17	36.0	25.0	21.0	15.0	12.0	10.5
0.45	18.0	15.0	12.0	9.0	7.0	6.0
0.8	15.0	12.0	9.0	7.0	5.5	5.0
3.6	10.0	8.5	6.0	5.0	4.0	3.5
7.0	9.0	7.5	5.0	4.0	—	

（5）加热剂、冷却剂的选择

在换热过程中加热剂和冷却剂的选用需要根据实际情况而定。除应满足加热和冷却温度外，还应考虑来源方便、价格低廉、使用安全。在化工生产中常用的冷却剂有水和冷冻盐水，加热剂有饱和水蒸气和导热油。

（6）材质的选择

在进行换热器设计时，换热器各种零部件的材料，应根据设备的操作压力、操作温度、流体的腐蚀性能以及对材料的制造工艺性能等的要求来选取。当然，最后还要考虑材料的经济合理性。一般为了满足设备的操作压力和操作温度，即从设备的强度或刚度的角度来考虑，是比较容易达到的，但材料的耐腐蚀性能，有时往往成为一个复杂的问题。在这方面考虑不周，选材不妥，不仅会影响换热器的使用寿命，而且也大大提高设备的成本。至于材料的制造工艺性能，是与换热器的具体结构有着密切关系。一般换热器常用的材料，有碳钢和不锈钢。

① 碳钢

价格低，强度较高，对碱性介质的化学腐蚀比较稳定，很容易被酸腐蚀，在无耐腐蚀性要求的环境中应用是合理的。

② 不锈钢

奥氏体系不锈钢以 1Cr18Ni9 为代表，有稳定的奥氏体组织，具有良好的耐腐蚀性和冷加工性能。

4.2.2.2　列管式换热器结构参数

换热器的结构参数应符合 GB 151—2014《热交换器》的规定。

（1）管程的结构参数

① 管径

管径越小，换热器越紧凑、越便宜。但是，管径越小，换热器的压降越大，为了满足允许的压力降，一般推荐选用外径为 19mm 的管子。对于易结垢的物料，为了方便清洗，采用外径为25mm的管子。对于有气、液两相流的工艺物流，一般选用较大的管径，例如再沸器、锅炉，多采用32mm的管径。直接用火加热时多采用76mm的管径。常用换热管规格及排列形式见表4.2.2-6。

表4.2.2-6 换热管规格及排列形式 单位：mm

换热管外径×壁厚($d×\delta$)				排列形式	管心距
碳素钢、低合金钢、铝	不锈钢	铜	钛		
19×2	19×2	19×2	19×1.25	正三角形	25
25×2.5	25×2	25×2	25×1.5		32

注：允许采用其他材料或规格的换热管。

② 管长

无相变换热时，管子较长，传热系数增加。在相同传热面时，采用长管管程数少，压力降小，而且每平方米传热面的比价也低。但是，管子过长会给制造带来困难，因此，一般选用的管长为4~6m。对于大面积或无相变的换热器，可以选用8~9m的管长。

③ 管子的排列方式和管心距

管子在管板上的排列方式（图4.2.2-2）主要有正方形排列和三角形排列两种。三角形配布有利于壳程物流的湍流。正方形排列有利于壳程清洗。为了弥补各自的缺点，产生了转过一定角度的正方形排列和留有清理通道的三角形排列两种。三角形排列一般是等边三角形，有时为了工艺的需要，可以采用不等边的三角形排列。不常用的还有同心圆式排列，一般用于小直径的换热器。

管心距是两根相邻管子中心的距离。管心距小，设备紧凑，但将引起管板增厚、清洁不便、壳程压降增大，一般选用范围为(1.25~1.5)d（d为管外径）。

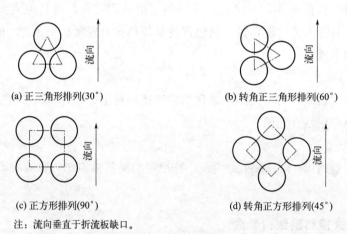

(a) 正三角形排列(30°)　　　(b) 转角正三角形排列(60°)

(c) 正方形排列(90°)　　　(d) 转角正方形排列(45°)

注：流向垂直于折流板缺口。

图4.2.2-2 换热管排列形式

④ 管板

管板的作用是将受热管束连接在一起，并将管程和壳程的流体分隔开来。管板与管子的连接可胀接或焊接。胀接法是利用胀管器将管子扩胀，产生显著的塑性变形，靠管子与管板间的挤压力达到密封紧固的目的。胀接法一般用在管子为碳素钢，管板为碳素钢或低合金钢，设计压力不超过 4MPa，设计温度不超过 350℃ 的场合。焊接法在高温高压条件下更能保证接头的严密性。

管板与壳体的连接有可拆连接和不可拆连接两种。固定管板常采用不可拆连接。两端管板直接焊在外壳上并兼作法兰，拆下顶盖可检修胀口或清洗管内。浮头式、U 形管式等换热器中，为使壳体清洗方便，常将管板夹在壳体法兰和顶盖法兰之间构成可拆连接。

⑤ 封头和管箱

a. 封头　当壳体直径较小时常采用封头。接管和封头可用法兰或螺纹连接；封头与壳体之间用螺纹连接，以便卸下封头，检查和清洗管子。

b. 管箱　壳径较大的换热器大多采用管箱结构。管箱具有一个可拆盖板，因此在检修或清洗管子时无须卸下管箱。

c. 分程隔板　当需要的换热面很大时，可采用多管程换热器。对于多管程换热器，在管箱内应设分程隔板，将管束分为顺次串接的若干组，各组管子数目大致相等。这样可提高介质流速，增强传热。管程多者可达 16 程，常用的有 2、4、6 程，其布置方案见表 4.2.2-7。在布置时应尽量使管程流体与壳程流体成逆流布置，以增强传热，同时应严防分程隔板的泄漏，以防止流体的短路。

表 4.2.2-7　换热器壳程主要组合部件的分类和代号

程数	流动顺序	管箱隔板（介质进口侧）	后端结构隔板（介质返回侧）	程数	流动顺序	管箱隔板（介质进口侧）	后端结构隔板（介质返回侧）
1				6			
2							
4		平行隔板		8			
4		T形隔板		8			
4		平行隔板	字形隔板	8			

续表

程数	流动顺序	管箱隔板（介质进口侧）	后端结构隔板（介质返回侧）	程数	流动顺序	管箱隔板（介质进口侧）	后端结构隔板（介质返回侧）
10				12			

(2) 壳程的结构参数

① 壳体

壳体是一个圆筒形的容器，壳壁上焊有接管，供壳程流体进入和排出之用。直径小于等于 400mm 的壳体通常用钢管制成，大于 400mm 的可用钢板卷焊而成。壳体材料应根据工作温度选择，有防腐要求时，大多考虑使用复合金属板。

介质在壳程的流动方式有多种，单壳程型应用最为普遍。如壳侧传热膜系数远小于管侧，则可用纵向挡板分隔成双壳程型式。用两个换热器串联也可得到同样的效果。为降低壳程压降，可采用分流或错流等型式。

壳体内径 D 取决于传热管数 N、排列方式和管心距 t。计算式如下：

单管程：
$$D = t(n_e - 1) + (2 \sim 3)d_o \tag{4.2.2-1}$$

式中，t 为管心距，mm；d_o 为换热管外径，mm；n_e 为横过管束中心线的管数，该值与管子排列方式有关。

正三角形排列：
$$n_e = 1.1\sqrt{N} \tag{4.2.2-2}$$

正方形排列：
$$n_e = 1.19\sqrt{N} \tag{4.2.2-3}$$

多管程：
$$D = 1.05t\sqrt{N/\eta} \tag{4.2.2-4}$$

式中，N 为排列管子数目；η 为管板利用率。

正三角形排列：2 管程，$\eta = 0.7 \sim 0.85$；>4 管程，$\eta = 0.7 \sim 0.85$。

正方形排列：2 管程，$\eta = 0.55 \sim 0.7$；>4 管程，$\eta = 0.45 \sim 0.65$。

壳体内径 D 的计算值最终应圆整到标准值。

② 壳程折流板

折流板可以改变壳程流体的方向，使其垂直于管束流动，获得较好的传热效果。折流板对于壳程进行蒸发、冷凝操作时或者管程传热系数很低时，其作用不太明显。但对于带有不凝性气体的冷凝操作时，采用不等距的折流板可改善传热效果。

a. 圆缺型折流板

圆缺型折流板可分为横缺型、竖缺型和阻液型三种（图 4.2.2-3）。横缺型折流板适用于无相变的对流传热，可防止壳程流体平行于管束流动，减少壳程底部液体的沉积。在壳程用于冷凝操作时，横缺型折流板的底部应开排液孔，孔的大小取决于液量的多少，但往往由于排液孔的不当而产生液泛和气相分流，因而在壳程进行冷凝操作时，一般采用竖缺型折流板。阻液型折流板由于下部有一个液封区，可以用于带有冷却的冷凝操作。

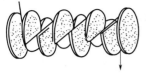  

(a) 横缺型折流板　　　　(b) 竖缺型折流板　　　　(c) 竖缺型折流板

图 4.2.2-3　圆缺形折流板型式

圆缺形折流板的缺口高度可为直径的 10%~40%，现在通用的高度为直径的 25%。实际上在相同压力降时，圆缺高度为直径 20% 的折流板将获得最好的传热效率。换热器流量很大时，为了得到较好的错流和避免流动诱导管子振动，常常去掉缺口处的管子。

b. 环盘形折流板

环盘形折流板允许通过的流量大，压降小，但传热效率不如圆缺型折流板，因此这种折流板多用于要求压降小的情况（图 4.2.2-4）。

c. 折流板的间距

折流板的间距影响到壳程物流的流向和流速，从而影响到传热效率。最小的折流板间距为壳体直径的 1/5，但不应小于 50mm。建议板间距不小于壳径的 30%，较小的板间距将增加过多的泄漏量。最大的板间距为壳径，最适宜的板间距为壳径的 30%~60%。由于折流板有支撑

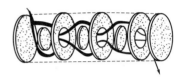

图 4.2.2-4　环盘形折流板

管子的作用，所以钢管无支撑板的最大折流板间距为 $171d^{0.74}$（d 为管外径，mm）。如果必须增大折流板间距，就应另设支撑板。若管材是铜、铝或者其合金材料时，无支撑的最大折流板间距应为 $150d^{0.74}$。

③ 壳程型式

壳程型式如图 4.2.2-5 所示。对于单壳程换热器，可在壳程内放入各种折流板来改变物流的流向，强化传热，这是最常用的一种换热器；在单组分冷凝的真空操作时，可将接管移到壳体的中心。放入径向折流板的双壳程换热器，可以改善热效应，比两个换热器串联要便宜；分流式换热器适用于大流量且压降要求低的情况，中间的隔板作为冷凝器时可以采用有孔板；双分流式换热器适用于低压降的情况，或当一种物流与另一种物流相比温度变化很小的情况，以及温差很大或者传热系数很大的情况。

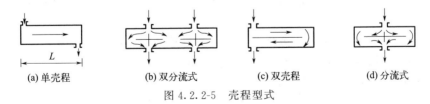

(a) 单壳程　　　(b) 双分流式　　　(c) 双壳程　　　(d) 分流式

图 4.2.2-5　壳程型式

④ 防旁流设施

a. 密封条（也称旁路挡板）

密封条主要用于防止物流在壳体和管束之间的旁流。密封条沿着壳体跌入到已铣好凹

槽的折流板内，一般是成对设置的（图4.2.2-6）。密封条的数目，建议每5排管子设置一对。盲管可防止中等或大型换热器壳程中部物流的旁流。

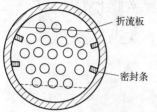

图4.2.2-6 密封条的位置

b. 缓冲挡板

当非腐蚀性液体在壳程入口管处的动能 $\rho v^2 > 2230$，腐蚀性液体在壳程入口管处的动能 $\rho v^2 > 740$（ρ 为流体密度，kg/m^3；v 为流速，m/s），且进入的物流为气体、饱和水蒸气或者为气液混合物时，将对入口处的管子进行冲击，引起振动和腐蚀。为了保护这部分管子，应设置缓冲挡板。

4.2.2.3 列管式换热器设计计算

(1) 设计步骤

目前，我国已制订了管壳式换热器系列标准，设计中应尽可能选用系列化的标准产品，这样可简化设计和加工。但是实际生产条件千变万化，当系列化产品不能满足需要时，仍应根据生产的具体要求而自行设计非系列标准的换热器。此处将扼要介绍这两者的设计计算的基本步骤。

① 根据已知条件确定管程和壳程的物流量及进出口的温度条件；根据两侧流体的温度条件，确定两流体在该换热器中定性温度的物性值。物性值包括密度 ρ、比热容 c_p、热导率 λ、黏度 μ，并计算该换热器的传热量 Q。

② 确定换热器的对数平均温差 Δt_m，温差修正系数 F_T。

③ 假定总传热系数 K_0。

④ 按式(4.2.2-5)计算所需的传热面积 S。

⑤ 根据工艺条件选择管径的尺寸，选择管程数和壳程数，校正温差修正系数 F_T，返回第③步。如满足则计算换热器所需的管数 N_T，计算参考壳径 D，再根据具体的排管情况决定实际的壳径 D。

⑥ 分别计算管程、壳程的传热系数 α_i、α_o，根据两流体的污垢系数计算总传热系数 $K_{计}$，若按 $K_0 > K_{计}$，则返回第④步，若 $K_0 < K_{计}$，则进行下一步。

⑦ 计算管、壳两侧压力降，如满足工艺条件则结束，否则调整管程和壳程的结构条件，返回第⑤步重新计算。

⑧ 在工程实际计算中，通常根据经验从设备手册中选定一个大致符合工艺参数的换热器进行核算。

从上述步骤来看，换热器的传热设计是一个反复试算的过程，有时要反复试算2～3次。所以，换热器设计计算实际上带有试差的性质。

(2) 传热计算主要公式

传热速率方程式

$$Q = KS\Delta t_m \tag{4.2.2-5}$$

式中，Q 为传热速率（热负荷），W；K 为总传热系数，$W/(m^2 \cdot ℃)$；S 为与 K 值对应的传热面积，m^2；Δt_m 为平均温度差，℃。

① 传热速率（热负荷）Q

a. 传热的冷热流体均没有相变化，且忽略热损失，则

$$Q = W_h c_{ph}(T_1 - T_2) = W_c c_{pc}(t_2 - t_1) \tag{4.2.2-6}$$

式中，W 为流体的质量流量，kg/h 或 kg/s；c_p 为流体的平均定压比热容，kJ/(kg·℃)；T 为热流体的温度，℃；t 为冷流体的温度，℃。下标 h 和 c 分别表示热流体和冷流体，下标 1 和 2 分别表示换热器的进口和出口。

b. 流体有相变化，如饱和蒸汽冷凝，且冷凝液在饱和温度下排出，则

$$Q = W_h r = W_c c_{pc}(t_2 - t_1) \tag{4.2.2-7}$$

式中，W 为饱和蒸汽的质量流量，kg/h 或 kg/s；r 为饱和蒸汽的冷凝潜热或气化潜热，kJ/kg。

② 平均温度差 Δt_m

a. 恒温传热时的平均温度差

$$\Delta t_m = T - t \tag{4.2.2-8}$$

b. 变温传热时的平均温度差

(a) 逆流和并流

$$\frac{\Delta t_1}{\Delta t_2} > 2 \quad \Delta t_m = \frac{\Delta t_2 - \Delta t_1}{\ln \dfrac{\Delta t_2}{\Delta t_1}} \tag{4.2.2-9}$$

$$\frac{\Delta t_1}{\Delta t_2} \leqslant 2 \quad \Delta t_m = \frac{\Delta t_2 + \Delta t_1}{2} \tag{4.2.2-10}$$

式中，Δt_1、Δt_2 为分别为换热器两端热、冷流体的温差，℃。

(b) 错流和折流

$$\Delta t_m = \varphi_{\Delta t} \Delta t'_m \tag{4.2.2-11}$$

式中，$\Delta t'_m$ 为按逆流计算的平均温差，℃；

$\varphi_{\Delta t}$ 为温差校正系数，无量纲，$\varphi_{\Delta t} = f(S, R)$

$$S = \frac{t_2 - t_1}{T_1 - t_1} = \frac{\text{冷流体的温升}}{\text{两流体的最初温差}} \tag{4.2.2-12}$$

$$R = \frac{T_1 - T_2}{t_2 - t_1} = \frac{\text{热流体的温降}}{\text{冷流体的温升}} \tag{4.2.2-13}$$

温差校正系数 $\varphi_{\Delta t}$ 可根据 S 和 R 值，通过图 4.2.2-7～图 4.2.2-10 查出。该值实际上表示特定流动形式在给定工况下接近逆流的程度。在设计中，除非出于必须降低壁温的目的，否则总要求 $\varphi_{\Delta t} \geqslant 0.8$，如果达不到上述要求，则应改选其他流动形式。

③ 总传热系数 K（以外表面积为基准）

$$K = \frac{1}{\dfrac{d_o}{\alpha_i d_i} + R_{si} \dfrac{d_o}{d_i} + \dfrac{b d_o}{\lambda d_i} + R_{so} + \dfrac{1}{\alpha_o}} \tag{4.2.2-14}$$

式中，K 为总传热系数，W/(m²·℃)；α_i，α_o 为传热管内、外侧流体的对流传热系

数，$W/(m^2 \cdot \text{℃})$；R_{si}，R_{so} 为传热管内、外侧表面上的污垢热阻，$m^2 \cdot \text{℃}/W$；d_i，d_o，d_m 为传热管内径、外径及平均直径，m；λ 为传热管壁导热系数，$W/(m \cdot \text{℃})$；b 为传热管壁厚，m。

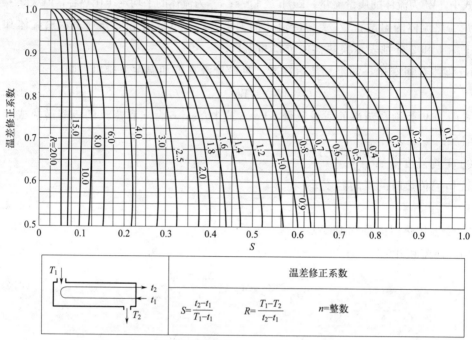

图 4.2.2-7　对数平均温差校正系数 $\varphi_{\Delta t}$（壳侧 1 程，管侧 2 程或 $2n$ 程）

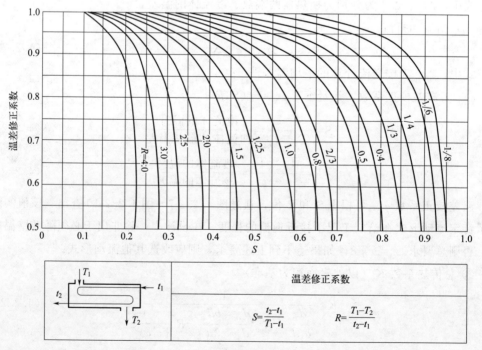

图 4.2.2-8　对数平均温差校正系数 $\varphi_{\Delta t}$（壳侧 1 程，管侧 3 程）

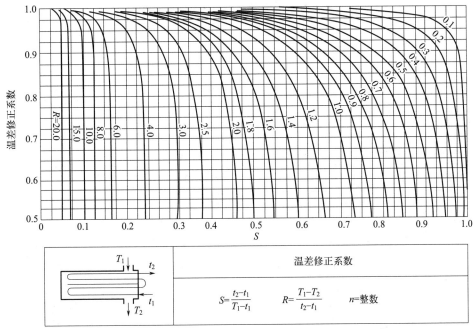

图 4.2.2-9　对数平均温差校正系数 $\varphi_{\Delta t}$（壳侧 2 程，管侧 4 程或 $4n$ 程）

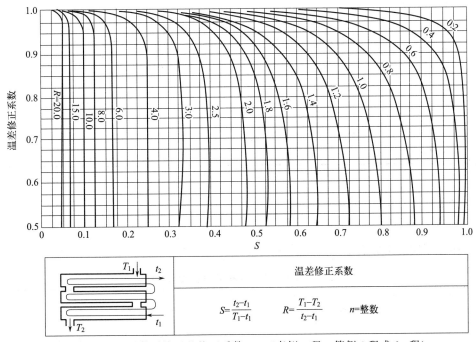

图 4.2.2-10　对数平均温差校正系数 $\varphi_{\Delta t}$（壳侧 3 程，管侧 6 程或 $6n$ 程）

在初设计换热器型号时，建议先用经验的总传热系数估算换热面积。选出具体内件参数后，再详细计算各项热阻，求出总传热系数计算值。如果计算值与选用的经验值相对误差较大，一般超过±25%，就需要调整经验值重新估算换热面积，表 4.2.2-8 推荐的总传热系数经验值，可作为初选换热器的参考。

表 4.2.2-8　管壳式换热器总传热系数

高温流体	低温流体	总传热系数范围 /[W/(m²·℃)]	备注
水	水	1395～2836	污垢系数 5.16×10^{-4} m²·K/W
甲醇、氨	水	1395～2836	传热面为塑料衬里
有机物黏度 0.5cP 以下①	水	430～848	
有机物黏度 0.5cP 以下①	冷冻盐水	221～569	
有机物黏度 0.5～1.0cP②	水	279～709	
有机物黏度 1.0cP 以上③	水	28～430	
气体	水	12～279	
水	冷冻盐水	569～1162	
水	冷冻盐水	232～581	
硫酸	水	872	传热面为不透性石墨,两侧传热膜系数均为 2441W/(m²·K)
四氯化碳	氯化钙溶液	76	管内流速 0.0052～0.011m/s
氯化氢气(冷却除水)	盐水	35～174	传热面为不透性石墨
氯气(冷却除水)	水	35～174	传热面为不透性石墨
焙烧 SO_2 气体	水	232～464	传热面为不透性石墨
氨	水	66	计算值
水	水	407～1162	传热面为塑料衬里
20%盐酸	水 $t=25～110℃$	581～1162	
有机溶剂	盐水	174～511	

① 为苯、甲苯、丙酮、乙醇、丁酮、汽油、轻煤油、石脑油等有机物。1cP=1×10^{-3}Pa·s。
② 为煤油、热柴油、热吸收油、原油馏分等有机物。
③ 为冷柴油、燃料油、原油、焦油、沥青等有机物。

④ 对流传热系数

流体在不同流动状态下的对流传热系数见表 4.2.2-9 及表 4.2.2-10。

表 4.2.2-9　流体无相变对流传热系数

流动状态			关联式	适用条件
管内强制对流	圆直管内湍流		$Nu=0.023Re^{0.8}Pr^n$ $\alpha=0.023 \dfrac{\lambda}{d_i}\left(\dfrac{d_i u \rho}{\mu}\right)^{0.8}\left(\dfrac{c_p \mu}{\lambda}\right)^n$	低黏度流体; 流体加热 $n=0.4$,冷却 $n=0.3$ $Re>10000$,$0.7<Pr<120$,$L/d_i>60$; $L/d_i<60$,$h \times \left(1+\dfrac{d_i}{L}\right)^{0.7}$ 特性尺寸 d_i; 定性温度:流体进出口温度的算术平均值

续表

流动状态		关联式	适用条件
管内强制对流	圆直管内湍流	$Nu=0.027Re^{0.8}Pr^{1/3}\left(\dfrac{\mu}{\mu_W}\right)^{0.14}$ $\alpha=0.027\dfrac{\lambda}{d_i}\left(\dfrac{d_i u\rho}{\mu}\right)^{0.8}\left(\dfrac{c_p\mu}{\lambda}\right)^{1/3}\left(\dfrac{\mu}{\mu_W}\right)^{0.14}$	高黏度流体； $Re>10000, 0.7<Pr<16700, L/d_i>60$； 特性尺寸：$d_i$； 定性温度：流体进出口温度的算术平均值（$\mu_W$取壁温）
	圆直管内滞流	$Nu=1.86Re^{1/3}Pr^{1/3}\left(\dfrac{d_i}{L}\right)^{1/3}\left(\dfrac{\mu}{\mu_W}\right)^{0.14}$ $\alpha=1.86\dfrac{\lambda}{d_i}\left(\dfrac{d_i u\rho}{\mu}\right)^{1/3}\left(\dfrac{c_p\mu}{\lambda}\right)^{1/3}\left(\dfrac{d_i}{L}\right)^{1/3}\left(\dfrac{\mu}{\mu_W}\right)^{0.14}$	管径较小，流体与壁面温度差较小，μ/ρ值较大； $Re<2300, 0.6<Pr<6700, (RePrL/d_i)>100$；特性尺寸：$d_i$； 定性温度：流体进出口温度的算术平均值（$\mu_W$取壁温）。
	圆直管内过渡流	$Nu=0.023Re^{0.8}Pr^n$ $\alpha'=0.023\dfrac{\lambda}{d_i}\left(\dfrac{d_i u\rho}{\mu}\right)^{0.8}\left(\dfrac{c_p\mu}{\lambda}\right)^n$ $\alpha=\alpha'\varphi=\alpha'\left(1-\dfrac{6\times10^5}{Re^{1.8}}\right)$	$10000<Re<2300$ α'为湍流时的对流传热系数； φ为校正系数； α为过渡流对流传热系数
管外强制对流	管束外垂直	$Nu=0.33Re^{0.6}Pr^{0.33}$ $\alpha=0.33\dfrac{\lambda}{d_o}\left(\dfrac{d_o u\rho}{\mu}\right)^{0.6}\left(\dfrac{c_p\mu}{\lambda}\right)^{0.33}$	错列管束，管束排数=10； $Re>3000$； 特征尺寸：管外径d_o； 流速取通道最狭窄处
		$Nu=0.26Re^{0.6}Pr^{0.33}$ $\alpha=0.26\dfrac{\lambda}{d_o}\left(\dfrac{d_o u\rho}{\mu}\right)^{0.6}\left(\dfrac{c_p\mu}{\lambda}\right)^{0.33}$	直列管束，管束排数=10； $Re>3000$； 特征尺寸：管外径d_o； 流速取通道最狭窄处
	管间流动	$Nu=0.36Re^{0.55}Pr^{1/3}\left(\dfrac{\mu}{\mu_W}\right)^{0.14}$ $\alpha=0.36\dfrac{\lambda}{d_o}\left(\dfrac{d_o u\rho}{\mu}\right)^{0.55}\left(\dfrac{c_p\mu}{\lambda}\right)^{1/3}\left(\dfrac{\mu}{\mu_W}\right)^{0.14}$	壳方流体圆缺挡板(25%)； $Re=2\times10^3\sim1\times10^6$； 特征尺寸：当量直径$d_e$； 定性温度：流体进出口温度的算术平均值（$\mu_W$取壁温）

表 4.2.2-10 流体相变对流传热系数

流动状态	关联式	适用条件
蒸汽冷凝	$\alpha=1.13\left(\dfrac{r\rho^2 g\lambda^3}{\mu L\Delta t}\right)^{1/4}$	垂直管外膜滞流 特征尺寸：垂直管的高度 定性温度：$t_m=(t_w+t_S)/2$
	$\alpha=0.725\left(\dfrac{r\rho^2 g\lambda^3}{n^{2/3}\mu d_o\Delta t}\right)^{1/4}$	水平管束外冷凝 n 水平管束在垂直列上的管数，膜滞流 特征尺寸：管外径d_o

⑤ 污垢热阻

在设计换热器时，必须采用正确的污垢系数，否则热交换器的设计误差很大。因此污垢系数是换热器设计中非常重要的参数。

污垢热阻因流体种类、操作温度和流速等不同而各异。常见流体的污垢热阻参见表 4.2.2-11 和表 4.2.2-12。

表 4.2.2-11 流体的污垢热阻

加热流体温度/℃		小于 115		115～205	
水的温度/℃		小于 25		大于 25	
水的速度/(m/s)		小于 1.0	大于 1.0	小于 1.0	大于 1.0
污垢热阻 /(m²·℃/W)	海水	0.8598×10^{-4}		1.7197×10^{-4}	
	自来水、井水、锅炉软水	1.7197×10^{-4}		3.4394×10^{-4}	
	蒸馏水	0.8598×10^{-4}		0.8598×10^{-4}	
	硬水	5.1590×10^{-4}		8.5980×10^{-4}	
	河水	5.1590×10^{-4}	3.4394×10^{-4}	6.8788×10^{-4}	5.1590×10^{-4}

表 4.2.2-12 油类流体的污垢热阻

流体名称	污垢热阻/(m²·℃/W)	流体名称	污垢热阻/(m²·℃/W)	流体名称	污垢热阻/(m²·℃/W)
植物油	5.1590×10^{-4}	石脑油	1.7197×10^{-4}	沥青油	1.7197×10^{-4}
原油	$(3.4394 \sim 12.098) \times 10^{-4}$	煤油	1.7197×10^{-4}	重油	8.5980×10^{-4}
柴油	$(3.4394 \sim 5.1590) \times 10^{-4}$	汽油	1.7197×10^{-4}		

(3) 流体流动阻力计算主要公式

流体流经列管式换热器时由于流动阻力而产生一定的压力降，所以换热器的设计必须满足工艺要求的压力降。一般合理压力降的范围见表 4.2.2-13。

表 4.2.2-13 合理压力降的选取

操作情况	操作压力/Pa(绝)	合理压力降/Pa
减压操作	$0 \sim 1 \times 10^5$	0.1P
低压操作	$1 \times 10^5 \sim 1.7 \times 10^5$	0.5P
	$1.7 \times 10^5 \sim 11 \times 10^5$	0.35×10^5
中压操作	$11 \times 10^5 \sim 31 \times 10^5$	$0.35 \sim 1.8 \times 10^5$
较高压操作	$31 \times 10^5 \sim 81 \times 10^5$(表)	$0.7 \sim 2.5 \times 10^5$

① 管程压力降

多管程列管换热器，管程压力降 $\sum \Delta P_i$：

$$\sum \Delta P_i = (\Delta P_1 + \Delta P_2) F_t N_s N_p \quad (4.2.2\text{-}15)$$

式中，ΔP_1 为直管中因摩擦阻力引起的压力降，Pa；ΔP_2 为回弯管中因摩擦阻力引起的压力降，Pa；可由经验公式 $\Delta P_2 = 3\left(\dfrac{\rho u^2}{2}\right)$ 估算；F_t 为结垢校正系数，量纲为 1，$\varphi 25\text{mm} \times 2.5\text{mm}$ 的换热管取 1.4，$\varphi 19\text{mm} \times 2\text{mm}$ 的换热管取 1.5；N_s 为串联的壳程数；N_p 为管程数。

② 壳程压力降

a. 壳程无折流挡板

壳程压力降按流体沿直管流动的压力降计算，以壳方的当量直径 d_e 代替直管内径 d_i。

b. 壳程有折流挡板

计算方法有 Bell 法、Kem 法、Esso 法等。Bell 法计算结果与实际数据一致性较好，但计算比较麻烦，而且对换热器的结构尺寸要求较详细。工程计算中常采用 Esso 法，该法计算公式如下：

$$\sum \Delta P_o = (\Delta P_1' + \Delta P_2') F_t N_s \tag{4.2.2-16}$$

式中，$\Delta P_1'$ 为流体横过管束的压力降，Pa；$\Delta P_2'$ 为流体流过折流挡板缺口的压力降，Pa；F_t 为结垢校正系数，量纲为 1，对液体 $F_t = 1.15$；对气体 $F_t = 1.0$；

$$\Delta P_1' = F f_o n_c (N_B + 1) \frac{\rho u_o^2}{2} \tag{4.2.2-17}$$

$$\Delta P_2' = N_B \left(3.5 - \frac{2B}{D}\right) \frac{\rho u_o^2}{2} \tag{4.2.2-18}$$

式中，F 为管子排列方式对压力降的校正系数：三角形排列 $F=0.5$，正方形排列 $F=0.3$；f_o 为壳程流体的摩擦系数，$f_o = 5.0 \times Re_o^{-0.228}$ （$Re_o > 500$）；n_c 为横过管束中心线的管数，可按式(4.2.2-2)及式(4.2.2-3)计算；B 为折流板间距，m；D 为壳体直径，m；N_B 为折流板数目；u_o 为按壳程流通截面积 S_o（$S_o = h(D - n_c d_o)$）计算的流速，m/s。

(4) 列管式换热器设计示例

某生产过程中，需将 6000kg/h 的油从 140℃冷却至 40℃，压力为 0.3MPa；冷却介质采用循环水，循环冷却水的压力为 0.4MPa，循环水入口温度 30℃，出口温度为 40℃。试设计一台列管式换热器，完成该生产任务。

① 确定设计方案

a. 选择换热器的类型

两流体温度变化情况：热流体进口温度 140℃，出口温度 40℃；冷流体（循环水）进口温度 30℃，出口温度 40℃。该换热器用循环冷却水冷却，冬季操作时进口温度会降低，考虑到这一因素，估计该换热器的管壁温和壳体壁温之差较大，因此初步确定选用带膨胀节的固定管板式换热器。

b. 流动空间及流速的确定

由于循环冷却水较易结垢，为便于水垢清洗，应使循环水走管程，油品走壳程。选用 $\phi 25mm \times 2.5mm$ 的碳钢管，管内流速取 $u_i = 0.5 m/s$。

② 确定物性数据

定性温度：可取流体进口温度的平均值。

壳程油的定性温度为

$$T = \frac{140 + 40}{2} = 90 (℃)$$

管程循环冷却水的定性温度为

$$t=\frac{30+40}{2}=35(\text{℃})$$

根据定性温度，分别查取壳程和管程流体的有关物性数据。

油在90℃下的有关物性数据如下：

密度 $\rho_o=825\text{kg/m}^3$；定压比热容 $c_{po}=2.22\text{kJ/(kg·℃)}$；热导率 $\lambda_o=0.140\text{W/(m·℃)}$；黏度 $\mu_o=0.000715\text{Pa·s}$。

循环冷却水在35℃下的物性数据如下：

密度 $\rho_i=994\text{kg/m}^3$；定压比热容 $c_{pi}=4.08\text{kJ/(kg·℃)}$；热导率 $\lambda_i=0.626\text{W/(m·℃)}$；黏度 $\mu_i=0.000725\text{Pa·s}$。

③ 计算总传热系数

a. 热流量

$$Q_o = m_o c_{po} t_o = 6000 \times 2.22 \times (140-40) = 1.32 \times 10^6 (\text{kJ/h}) = 366.7\text{kW}$$

b. 平均传热温差

$$\Delta t'_m = \frac{\Delta t_1 - \Delta t_2}{\ln\frac{\Delta t_1}{\Delta t_2}} = \frac{(140-40)-(40-30)}{\ln\frac{140-40}{40-30}} = 39(\text{℃})$$

c. 冷却水用量

$$w_i = \frac{Q_o}{c_{pi}\Delta t_i} = \frac{1320000}{4.08 \times (40-30)} = 32353(\text{kg/h})$$

d. 总传热系数 K

（a）管程传热系数

$$Re = \frac{d_i u_i \rho_i}{\mu_i} = \frac{0.02 \times 0.5 \times 994}{0.000725} = 13710$$

$$\alpha_i = 0.023 \frac{\lambda_i}{d_i}\left(\frac{d_i u_i \rho_i}{\mu_i}\right)^{0.8}\left(\frac{c_p \mu_i}{\lambda_i}\right)^{0.4},$$

$$= 0.023 \frac{0.626}{0.020}(13710)^{0.8}\left(\frac{4.08 \times 10^3 \times 0.000715}{0.626}\right)^{0.4} = 2718\text{W/(m}^2\cdot\text{℃)}$$

（b）壳程传热系数

假设：壳程的传热系 $\alpha_o = 290\text{W/(m}^2\cdot\text{℃)}$

污垢热阻 $R_{si} = 0.000344\text{m}^2\cdot\text{℃/W}$ $R_{so} = 0.000172\text{m}^2\cdot\text{℃/W}$

管壁的导热系数 $\lambda = 45\text{W/(m·℃)}$

$$K = \frac{1}{\frac{d_o}{\alpha_i d_i}+R_{si}\frac{d_o}{d_i}+\frac{bd_o}{\lambda d_i}+R_{so}+\frac{1}{\alpha_o}}$$

$$= \frac{1}{\frac{0.025}{2718 \times 0.020}+0.000344 \times \frac{0.025}{0.020}+\frac{0.0025 \times 0.025}{45 \times 0.022.5}+0.000172+\frac{1}{290}}$$

$$=219.5\text{W}/(\text{m}^2\cdot\text{℃})$$

④ 计算传热面积

$$S'=\frac{Q}{K\Delta t_m}=\frac{366.7\times10^3}{219.5\times39}=42.8(\text{m}^2)$$

考虑15%的面积裕度，$S=1.15\times S'=1.15\times42.8=49.2(\text{m}^2)$

⑤ 工艺结构尺寸

a. 管径和管内流速

选用$\phi25\text{mm}\times2.5\text{mm}$传热管（碳钢），取管内流速$u_i=0.5\text{m/s}$

b. 管程数和传热管数

依据传热管内径和流速确定单程传热管数

$$n_s=\frac{V}{\frac{\pi}{4}d_i^2 u}=\frac{32353/(994\times3600)}{0.785\times0.02^2\times0.5}=57.6\approx58(\text{根})$$

按单程管计算，所需的传热管长度为

$$L=\frac{S}{\pi d_o n_s}=\frac{49.2}{3.14\times0.025\times58}=10.8(\text{m})$$

按单管程设计，传热管过长，宜采用多管程结构。现取传热管长$L=6\text{m}$，则该换热器管程数为

$$N_p=\frac{L}{l}=\frac{10.8}{6}\approx2(\text{管程})$$

传热管总根数$N=58\times2=116$（根）

c. 平均传热温差校正及壳程数

平均传热温差校正系数

$$R=\frac{140-40}{40-30}=10$$

$$S=\frac{40-30}{140-30}=0.091$$

按单壳程，双管程结构，温差校正系数查图4.2.2-7，可得

$$\varphi_{\Delta t}=0.92$$

平均传热温差

$$\Delta t_m=\varphi_{\Delta t}\Delta t_m'=0.92\times39=36(\text{℃})$$

d. 传热管排列和分程方法

采用组合排列法，即每程内均按正三角形排列，隔板两侧采用正方形排列。取管心据$t=1.25d_o$，则

$$t=1.25\times25=31.25\approx32(\text{mm})$$

横过管束中心线的管数

$$n_c=1.19\sqrt{N}=1.19\sqrt{116}=13(\text{根})$$

e. 壳体内径

采用多管程结构,取管板利用率 $\eta=0.7$,则壳体内径为

$$D=1.05t\sqrt{N/\eta}=1.05\times32\sqrt{116/0.7}=432.5(\text{mm})$$

圆整可取 $D=450\text{mm}$。

f. 折流板

采用弓形折流板,取弓形折流板圆缺高度为壳体内径的 25%,则切去的圆缺高度为 $h=0.25\times450=112.5(\text{mm})$,故可取 $h=110\text{mm}$。

取折流板间距 $B=0.3D$,则

$$B=0.3\times450=135(\text{mm}),\text{可取}\ B\ \text{为}\ 150\text{mm}。$$

$$\text{折流板数}\ N_B=\frac{\text{传热管长}}{\text{折流板间距}}-1=\frac{6000}{150}-1=39(\text{块})$$

折流板圆缺面水平装配。

g. 接管

壳程流体进出口接管:取接管内油品流速为 $u=1.0\text{m/s}$,则接管内径为

$$d=\sqrt{\frac{4V}{\pi u}}=\sqrt{\frac{4\times6000/(3600\times825)}{3.14\times1.0}}=0.051(\text{m})$$

取标准管径为 50mm。

管程流体进出口接管:取接管内循环水流速 $u=1.5\text{m/s}$,则接管内径为

$$d=\sqrt{\frac{4\times32353/(3600\times994)}{3.14\times1.5}}=0.088(\text{m})$$

取标准管径为 80mm。

⑥ 换热器核算

a. 热量核算

(a) 壳程对流传热系数对圆缺形折流板,可采用克恩(Ken)公式

$$\alpha_o=0.36\frac{\lambda_o}{d_e}Re_o^{0.55}Pr^{1/3}\left(\frac{\mu_o}{\mu_w}\right)^{0.14}$$

当量直径,由正三角形排列得

$$d_e=\frac{4\left(\frac{\sqrt{3}}{2}t^2-\frac{\pi}{4}d_o^2\right)}{\pi d_o}=\frac{4\left(\frac{\sqrt{3}}{2}\times0.032^2-0.785\times0.025^2\right)}{3.14\times0.025}=0.020(\text{m})$$

壳程流通截面积

$$S_o=BD\left(1-\frac{d_o}{t}\right)=0.15\times0.45\left(1-\frac{0.025}{0.032}\right)=0.01476(\text{m})$$

壳程流体流速及其雷诺数分别为

$$u_o=\frac{6000/(3600\times825)}{0.01476}=0.137(\text{m/s})$$

$$Re_o=\frac{0.020\times0.137\times825}{0.000715}=3161$$

普兰特准数
$$Pr = \frac{2.22 \times 10^3 \times 715 \times 10^{-6}}{0.140} = 11.34$$

黏度校正 $\left(\frac{\mu}{\mu_W}\right)^{0.14} \approx 1$

$$\alpha_o = 0.36 \times \frac{0.140}{0.02} \times 3161^{0.55} \times 11.34^{1/3} \times 1 = 476 \text{W}/(\text{m}^2 \cdot \text{°C})$$

(b) 管程对流传热系数

$$\alpha_i = 0.023 \frac{\lambda_i}{d_i} Re^{0.8} Pr^{0.4}$$

管程流通截面积

$$S_i = 0.785 \times 0.02^2 \times \frac{116}{2} = 0.0182 (\text{m}^2)$$

管程流体流速

$$u_i = \frac{32353/(3600 \times 994)}{0.0182} = 0.497 (\text{m/s})$$

$$Re = \frac{0.02 \times 0.497 \times 994}{0.725 \times 10^{-3}} = 13628$$

普兰特准数

$$Pr = \frac{4.08 \times 10^3 \times 0.725 \times 10^{-3}}{0.626} = 4.73$$

$$\alpha_i = 0.023 \times \frac{6.626}{0.02} \times 13628^{0.8} \times 4.73^{0.4} = 2721 \text{W}/(\text{m}^2 \cdot \text{°C})$$

(c) 传热系数 K

$$K = \frac{1}{\frac{d_o}{\alpha_i d_i} + R_{si} \frac{d_o}{d_i} + \frac{bd_o}{\lambda d_m} + R_{so} + \frac{1}{\alpha_o}}$$

$$= \frac{1}{\frac{0.025}{2.721 \times 0.020} + 0.000344 \times \frac{0.025}{0.020} + \frac{0.0025 \times 0.025}{45 \times 0.0225} + 0.000172 + \frac{1}{476}}$$

$$= 310.2 \text{W}/(\text{m}^2 \cdot \text{°C})$$

(d) 传热面积 S

$$S = \frac{Q}{K \Delta t_m} = \frac{366.7 \times 10^3}{310.2 \times 32} = 36.9 (\text{m}^2)$$

该换热器的实际传热面积 S_p

$$S_p = \pi d_o L (N - n_c) = 3.14 \times 0.025 \times (6 - 0.06) \times (116 - 13) = 48.0 (\text{m}^2)$$

该换热器的面积裕度为

$$H = \frac{S_p - S}{S} \times 100\% = \frac{48.0 - 36.9}{36.9} \times 100\% = 30.1(\%)$$

传热面积裕度合适，该换热器能够完成生产任务。

b. 换热器内流体的流动阻力

(a) 管程流动阻力

$$\sum \Delta P_i = (\Delta P_1 + \Delta P_2) F_t N_s N_p$$
$$N_s = 1, N_p = 2, F_t = 1.5$$
$$\Delta P_1 = \lambda_i \frac{l}{d} \frac{\rho u^2}{2}, \Delta P_2 = \zeta \frac{\rho u^2}{2}$$

由 $Re = 13628$,传热管相对粗糙度 $\frac{0.01}{20} = 0.005$,查图 3.3-1 得 $\lambda = 0.037$,流速 $u_i = 0.497 \text{m/s}$,$\rho = 994 \text{kg/m}^3$,所以

$$\Delta P_1 = 0.037 \times \frac{6}{0.02} \times \frac{0.497^2 \times 994}{2} = 1362.7 \text{(Pa)}$$

$$\Delta P_2 = \zeta \frac{\rho u_i^2}{2} = 3 \times \frac{994 \times 0.497^2}{2} = 368.3 \text{(Pa)}$$

$$\sum \Delta P_i = (1362.7 + 368.3) \times 1.5 \times 2 = 5193 \text{(Pa)} < 10 \text{kPa}$$

管程流动阻力在允许范围之内。

(b) 壳程阻力

$$\sum \Delta P_o = (\Delta P_1' + \Delta P_2') F_t N_s$$
$$N_s = 1, F_t = 1$$

流体流经管束的阻力

$$\Delta P_1' = F f_o n_c (N_B + 1) \frac{\rho u_o^2}{2}$$
$$F = 0.5$$
$$f_o = 5 \times 3161^{-0.228} = 0.7962$$
$$n_c = 13$$
$$N_B = 29, u_o = 0.137 \text{m/s}$$

$$\Delta P_1' = 0.5 \times 0.7962 \times 13 \times (29 + 1) \times \frac{825 \times 0.137^2}{2} = 1202 \text{(Pa)}$$

流体流过折流板缺口的阻力

$$\Delta P_2' = N_B \left(3.5 - \frac{2B}{D}\right) \frac{\rho u_o^2}{2},$$
$$B = 0.15 \text{m}, D = 0.45 \text{m}$$

$$\Delta P_2' = 29 \times \left(3.5 - \frac{2 \times 0.15}{0.45}\right) \times \frac{825 \times 0.137^2}{2} = 636.2 \text{(Pa)}$$

总阻力

$$\sum \Delta P_o = (1202 + 636.2) \times 1 \times 1.15 = 2114 \text{(Pa)} < 10 \text{kPa}$$

壳程流动阻力也比较适宜。

(c) 换热器主要结构尺寸和计算结果

换热器主要结构尺寸和计算结果详见换热器设备条件表 4.2.2-14。

表 4.2.2-14 换热器设备装配表

换热器型式：固定管板式					
换热面积/(m²)：48					
工艺参数					
名称	管程	壳程			
物料名称	循环水	油			
操作压力/MPa	0.497	0.3			
操作温度/℃	30/40	140/40			
流量/(kg/h)	32353	6000			
流体密度/(kg/m³)	994	825			
流速/(m/s)	0.497	0.137			
传热量/kW	366.7				
总传热系数/[W/(m²·K)]	310.2				
对流传热系数/(W/m²·K)	2721	476			
污垢系数/(m²·K/W)	0.000344	0.000172			
阻力降/MPa	0.005193	0.00184			
程数	2	1			
推荐使用材料	碳钢	碳钢			
管子规格	φ25mm×2.5mm	管数 116	管长/mm	6000	
管间距/mm	32	排列方式	正三角形		
折流板型式	上下	间距/mm	150	切口高度 25%	
壳体内径/mm	450	保温层厚度/mm			

管口表

符号	尺寸	用途	连接型式
a	DN80	循环水入口	平面
b	DN80	循环水出口	平面
c	DN50	油品入口	凹凸面
d	DN50	油品出口	凹凸面
e	DN20	排气口	凹凸面
f	DN20	放净口	凹凸面

第5章 精馏塔的设计

5.1 精馏塔的基本单元模式

5.1.1 概述

只有一股连续进料（双组分或多组分）、塔顶和塔釜各有一股连续出料的精馏塔称为简单精馏塔。精馏塔系统是由简单蒸馏塔、再沸器、冷凝器和回流罐组成，如图 5.1.1-1 所示。塔釜为液体，塔顶馏出为气体，经冷凝器后冷凝为液体。

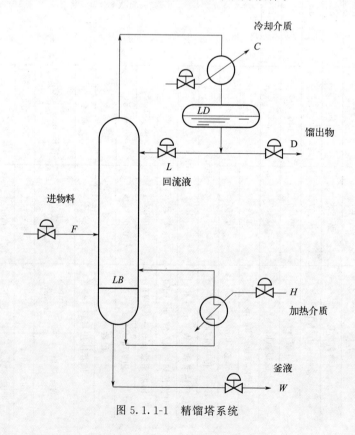

图 5.1.1-1　精馏塔系统

5.1.2 精馏塔系统管道设计的一般要求

(1) 为便于调节进料板位置，塔上设置若干个进料口，每个进料口处应设置阀门。

(2) 再沸器至塔釜的连接管道应尽量短，不允许有袋形，一般不设置阀门。立式热虹吸式再沸器，安装时其列管束上端管板位置与塔釜正常液面相平。

(3) 塔顶馏出管道一般不设阀门，直接与冷凝器连接。

(4) 依靠位差的回流管道上要设置液封，以免气相倒流。

(5) 防止塔因超压而损坏，需设置安全阀。安全阀设在塔顶或者塔顶气相馏出管道上。

(6) 回流管道在塔管口处不设置切断阀。

(7) 侧线出料的精馏塔，塔顶气体返回的管道上一般不设切断阀。

(8) 同一产品有多个抽出口的塔，其各个抽出口均应设置切断阀。

(9) 塔有两个再沸器，塔与再沸器间管道应在塔的对称位置。

(10) 塔底管道上的法兰、阀门不设在狭小的裙座内。

(11) 对在开工前需先装入物料的回流罐，在回流罐上安装相应的装料管道。

(12) 换热器、冷凝器的管道和仪表控制设计要求，参见本书第四章。

(13) 塔底抽出沸点液体的管道上设孔板流量计时，为防止流量计后液体闪蒸，管道中需要有一定的净压头，所以塔的安装必须有一定高度。

5.1.3 精馏塔系统仪表控制的一般要求

5.1.3.1 精馏塔系统的基本控制参数

精馏塔系统的基本控制参数可分为两种：调节参数和被调参数。

(1) 能作为调节手段的参数称为调节参数，通常在反映该参数之点时可设置控制阀。精馏过程中调节参数有六个，如图 5.1.1-1 所示。

① 进料量（F）。
② 馏出量（D）。
③ 釜液量（W）。
④ 冷却介质量（C）或冷却器冷却量。
⑤ 加热介质量（H）或再沸器加热量。
⑥ 回流量（L）。

前三个称为质量调节参数，后三个称为能量调节参数。

(2) 不采用进料预热时，精馏过程中被调参数有六个。

① 压力（P），合适的调节参数为 H 或 C。
② 回流罐液位（LD）。
③ 塔釜液位（LB）。

④ 进料量（F）（不考虑进料预热）。

⑤ 产品分布（D/F）、（W/F）、（D/W）。

⑥ 回流比（R），即（L/D）或再沸比（H/W）。

（3）进料量一般由上游装置（除大储罐）控制，进料量随上游装置而变化，所以为被调参数。当进料来自充分混合的大储罐时，进料量就能独立地调整。

（4）如果进料需预热，要增加一个调节进料热焓（对于两相进料）或调节进料温度（对于单相进料）的控制阀。

5.1.3.2　精馏塔系统仪表控制的一般要求

1. 控制方案

（1）精馏塔系统中，要控制的目标为质量指标、产量指标和能量消耗。主要是控制质量指标，在达到质量指标的前提下，尽可能使产量高一些，能耗低一些。

（2）精馏塔控制方案很多，一个被调参数在不同方案中可用不同的调节参数进行控制。为制订合适的控制方案，首先要从塔的静态特性出发，选取静态响应较大的参数作为调节参数，使每个调节系统的被调参数对调节参数的变化比较灵敏，即静态增益较大。调节系统的静态灵敏度愈高，该调节参数克服外界影响的效果也就愈好。

（3）从静态响应关系和动态出发（即调节系统动态响应要快速），制订合适的控制方案，选择距离近、反应快、时间短的调节回路。

（4）精馏过程中一般均有多个调节系统，应选用调节系统之间相关影响较小的回路组成控制方案。

（5）设置精馏过程的控制方案时，要协调上下游工序的关系，使整个工艺过程稳定操作。

2. 检测点

（1）选取适当的检测点的位置。工艺过程需要从精馏塔塔顶馏出符合规格的物料，应把检测点定在塔的顶部；工艺要求釜液符合规格，应把检测点定在塔的底部；当塔顶部或底部产品纯度相当高时，产品的组分变化和温度变化就很小，在这种场合建立检测点，就要求检测装置具有很高的精度和灵敏度。合适的检测点位置应选择在最敏感的塔板上，此时温度或组分的变化在外界扰动或调节作用下最大，即具有最大的静态影响。

（2）要避免在回流罐和塔釜及其下游的管道上取样的滞后影响。对于顶部，合适的取样点宜选择在冷凝器与回流罐之间的管道上。同样，对于板式塔来说，底部合适的取样点，宜选择在最下一块塔板降液管的液封处。

（3）测量液体温度时，测量元件套管应与液相区接触。

（4）测压元件测量塔压时，应安装在气相区，尽可能高一些，以防液面波动剧烈时液相或汽液两相对测压的影响。

（5）塔釜液面计应安装在塔体上。

5.1.4 设备基本单元模式

5.1.4.1 精馏塔

1. 管道设计要求

(1) 为便于进料位置调节,塔上可设置若干进料口,每个进料口处应设置阀门。

(2) 再沸器至塔釜连接管道应尽量短,不允许有袋形,一般不设置阀门,停工检修时,用8字盲板切断。

(3) 塔顶馏出管道一般不设阀门,直接与冷凝器连接。馏出管道应有坡度、坡向冷凝器。馏出管道不允许有袋形。

(4) 在依靠位差的回流管道上要设置液封,以免气相倒流。同时,液封的底部要设置能返回精馏塔的排净液管道。

(5) 塔底馏出管道前的塔内出料管上方设置破涡流器。

(6) 进料管道切断阀之前设置取样阀。

2. 仪表控制设计要求

(1) 塔进料设置进料流量控制阀,调节塔的进料流量,需要时调节进料罐的液位。在进料管道上设置温度检测。

(2) 塔釜应设置塔釜就地指示液面计,按需设置自控液位计,通过液位调节器调节塔釜液位和釜液泵流量。

(3) 塔釜上设置温度和压力检测点。

(4) 塔釜排出沸点的液体管道上设置孔板流量计时,为防止流量计后液体闪蒸,管道中需要有一定的净压头,塔应有一定的安装高度。

(5) 按需在塔中部合适的位置设置温度和压力的检测点。

(6) 塔顶设置温度和压力检测点。

(7) 塔顶和塔釜之间设置压差检测点,压差管口要开在气相区。

(8) 压力计管口设在塔板下的气相区,必须保证在气相区。

(9) 温度计管口设在塔板上的液相区,温度计套管应与液体接触。

3. 精馏塔的基本单元模式

精馏塔基本单元模式如图5.1.4-1所示。

5.1.4.2 再沸器

再沸器可分为热虹吸再沸器和釜式再沸器等。

热虹吸再沸器:再沸器与塔之间产生静压差,使物料循环,物料被虹吸入再沸器,加热汽化后返回塔,不需采用泵。热虹吸再沸器的汽化率一般约为20%。

釜式再沸器:由扩大部分的壳体和可抽出的换热管束组成。壳侧扩大部分空间作为汽、液分离空间。管束末端有溢流堰,使管束全部浸没在液体中。各类再沸器中,釜式再沸器的汽化率最大,为50%,最高可达80%。

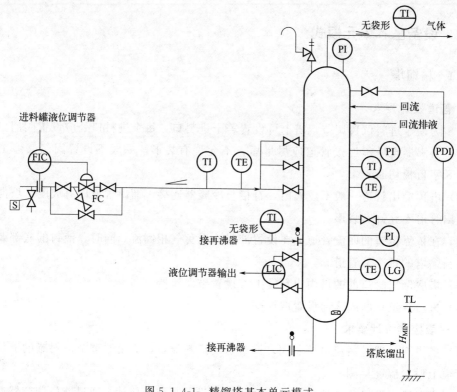

图 5.1.4-1 精馏塔基本单元模式

再沸器式换热器基本的管道和仪表控制设计要求，参见本书第 4 章。

1. 立式热虹吸再沸器

立式热虹吸再沸器加热热源可分为蒸汽加热和液体加热，二者要求如表 5.1.4-1：

表 5.1.4-1 立式热虹吸再沸器管道设计及仪表控制要求

	管道设计要求	仪表控制要求
蒸汽加热	a. 再沸器列管束上端管板位置一般与塔釜正常液面相平。 b. 根据工艺需要，可在再沸器上封头设置视镜，以观察沸腾情况。视镜的位置通常与再沸器上封头的切线方向升气管相平。 c. 再沸器壳层设置排气阀和排净阀。 d. 再沸器下部循环管道最低处设置排净阀。 e. 再沸器至塔连接的管道尽量短，最好直接连接。 f. 加热蒸汽进入切断阀之前，在支管上设置疏水阀。 g. 在蒸汽冷凝水疏水阀上游设置过滤器。 h. 加热蒸汽进气管道的切断阀上游设置安全阀	a. 再沸器的加热蒸汽管道上设置温度控制阀或蒸汽流量控制阀，通过改变加热蒸汽量来调节釜温。立式列管式再沸器，当蒸汽和冷凝水走壳程时，亦可采用在蒸汽冷凝水出口管上安装控制阀，用蒸汽冷凝水在再沸器壳程内的液面高低（调节有效传热面），来调节加热蒸汽量，以调节釜温。 b. 蒸汽加热管道上应设压力检测点。 c. 再沸器升气管上设置温度检测点
液体加热	a. 再沸器列管束上端管板位置一般与塔釜正常液面相平。 b. 再沸器上封头处可根据工艺需要来设置视镜。 c. 再沸器下部循环管道最低处设排净阀。 d. 再沸器壳体上设排气阀及排净阀。 e. 加热液体回液管的切断阀上游设置安全阀。 f. 热液体进出口管道上设切断阀。 g. 热液体管道上，控制阀之前过滤器及排净阀。 h. 加热液体应设有循环回路及热液体补充和返回管道	a. 由于热液体温度高，通常在热液体出口管道上设置温度控制阀或流量控制阀，通过改变加热液体量来调节釜温。当工艺控制需要时，可将控制阀设在热液体进口管道上。控制采用了塔釜温度和进再沸器的热液体温度串接调节热液体进量。 b. 在热液体循环管道上设置温度检测点。 c. 再沸器升气管上设置温度检测点

蒸汽加热和液体加热的立式热虹吸再沸器基本控制单元模式如图 5.1.4-2 和图 5.1.4-3。

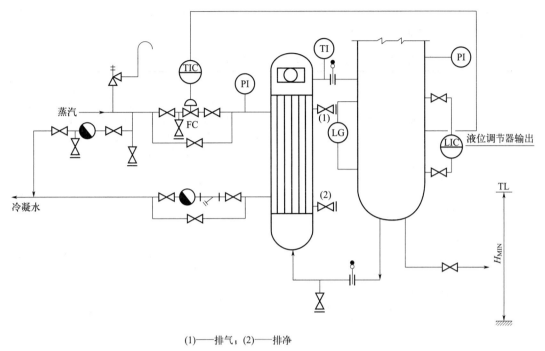

(1)——排气；(2)——排净

图 5.1.4-2　蒸汽加热立式热虹吸再沸器基本单元模式

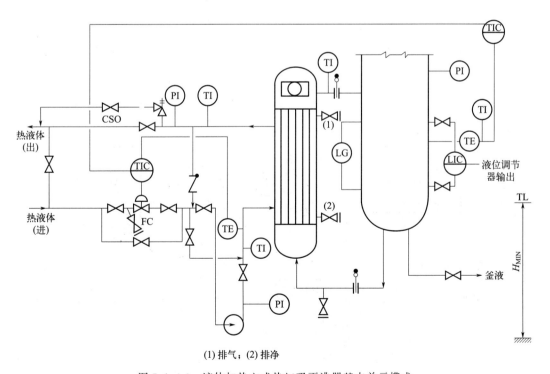

(1)排气；(2)排净

图 5.1.4-3　液体加热立式热虹吸再沸器基本单元模式

2. 釜式再沸器

釜式再沸器操作弹性大，汽化率高，塔裙座高度相对可降低。当塔底产品需要用泵抽出时，釜式再沸器的高度必须满足泵吸入高度的要求。釜式再沸器加热热源也可分为蒸汽加热和液体加热，二者要求如表 5.1.4-2。

表 5.1.4-2　釜式热虹吸再沸器管道设计及仪表控制要求

	管道设计要求	仪表控制要求
蒸汽加热	a. 釜式再沸器安装高度满足泵吸入高度。 b. 釜式再沸器下部循环管道最低处应设排净阀。 c. 升气管道无袋形。 d. 釜式再沸器外壳底部设置排净阀。 e. 釜液管道设置取样点。 f. 再沸器与塔釜连接之间无阀门。管口上安装 8 字盲板，供检修切断用	a. 釜式再沸器上直接安装液面计和自控液位计，通过液位调节器调节再沸器液位和釜液泵流量。 b. 釜式再沸器的加热蒸汽管道上设置温度控制阀或蒸汽流量控制阀，通过改变加热蒸汽量来调节釜温。 c. 蒸汽加热管道上设置压力检测点。 d. 在釜式再沸器升气管上和釜液循环管道上设置温度检测点。 e. 釜液出料管道上设温度检测点
液体加热	a. 升气管道无袋形。 b. 釜式再沸器与塔釜间的连接管上一般不设阀门。检修时，采用 8 字盲板切断。 c. 再沸器下部循环管道最低处设排净阀。 d. 釜式再沸器安装高度应满足泵吸入高度。 e. 釜式再沸器底部设置排净阀。 f. 釜液管道设置取样点。 g. 加热液体应设有循环回路及热液体补充和返回管道	a. 釜式再沸器上直接安装液面计和自控液面计，通过液位调节器调节再沸器液位和釜液泵流量。 b. 热液体出口管道上设置温度调节阀或流量调节阀，通过改变加热液体量来调节釜温。 c. 在热液体循环管道上设温度检测点。 d. 釜式再沸器升气管上设温度检测点。 e. 釜液出料管道上设温度检测点。 f. 釜液从加热釜式再沸器中，由釜液泵抽出。泵的管道和仪表控制设计要求按标准"泵基本单元模式"的规定进行

蒸汽加热和液体加热的釜式再沸器基本控制单元模式如图 5.1.4-4 和图 5.1.4-5。

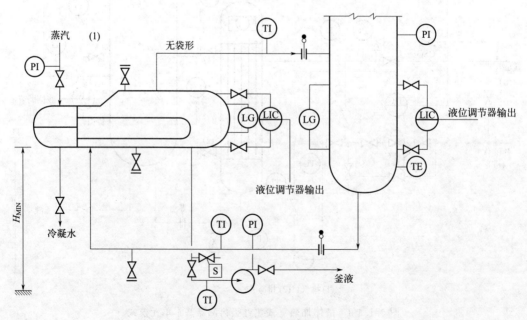

图 5.1.4-4　蒸汽加热釜式再沸器基本单元模式

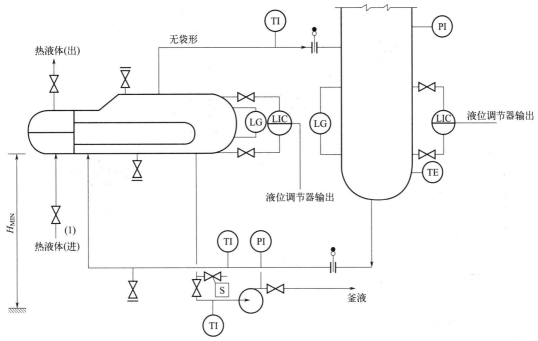

图 5.1.4-5　液体加热釜式再沸器基本单元模式

5.1.4.3　冷凝器

1. 管道设计要求

① 升气管无袋形。

② 冷凝液管道有坡度要求。

③ 冷却上水管道设止回阀。

④ 冷却水出口管的切断阀上游设安全阀。

⑤ 寒冷地区冷却水进出口阀前设防冻管道，并根据需要采用伴热管保温。

⑥ 控制阀前设排净阀。

⑦ 冷却下水管道最高处设排气阀放空。

⑧ 冷凝器物料侧需设置排气管道，以排除不凝性气体。

2. 仪表控制设计要求

① 升气管设温度检测点。

② 冷凝液管设温度检测点。

③ 冷却水管上设置流量控制阀，用物料出口温度控制冷却水控制阀的开度。

④ 冷却下水管道设置温度检测点和压力检测点。

⑤ 对于加压精馏系统，冷凝器物料侧放空管道上设置压力调节系统。

3. 冷凝器的基本单元模式

冷凝器的基本单元模式如图 5.1.4-6。

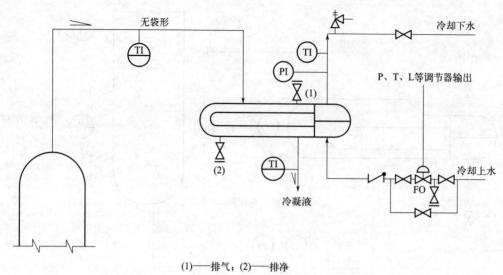

(1)——排气；(2)——排净

图 5.1.4-6　采用调节冷却水量的冷凝器基本单元模式

5.1.4.4　回流罐

1. 塔顶馏出为液体的回流罐

塔顶产品冷凝后，按照流到回流罐中的方式分为靠液位差回流和强制回流，二者要求如表 5.1.4-3。

表 5.1.4-3　靠液位差回流和强制回流的回流罐管道设计及仪表控制要求

	管道设计要求	仪表控制要求
靠位差回流	a. 设开车补液管道。 b. 冷凝液管无袋形，有坡度要求，坡向回流罐。 c. 回流罐的冷凝液出口管口设破涡流器。 d. 回流管设有液封。 e. 液封管的排净管上有排净阀，排净至塔内。 f. 回流罐有高度要求，使其能克服管道阻力回流至塔内。 g. 馏出管道上装有取样阀。 h. 回流罐应有排净阀、排气阀。排气阀后设置放空管道，放空管道可与冷凝器物料侧排气管道相连。	a. 回流罐上安装玻璃液面计。 b. 回流罐上安装自控液位计，用回流罐液位控制回流或馏出量。 c. 回流管道设置回流液控制阀。 d. 馏出管道设置馏出物控制阀。
强制回流	a. 设开车补液管道。 b. 冷凝液管无袋形，有坡度要求，坡向回流罐。 c. 回流罐的冷凝液出口管口设破涡流器。 d. 回流罐的安装高度应满足泵的吸入高度要求。 e. 馏出管道上装有取样阀。 f. 回流罐有排净阀、排气阀。排气阀后设置放空管道，放空管道可与冷凝器物料侧排气管道相连。 g. 泵的管道和仪表控制设计要求按第 3 章。	a. 回流罐上安装玻璃液面计。 b. 回流罐上安装自控液位计，用回流罐液体控制回流或馏出量。 c. 回流管道设置回流液控制阀。 d. 馏出管道设置馏出物控制阀。

靠位差回流的回流罐和强制回流的回流罐基本控制单元模式如图 5.1.4-7 和图 5.1.4-8。

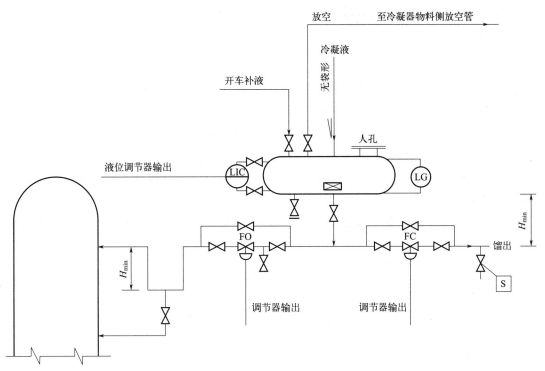

图 5.1.4-7　靠位差回流的回流罐基本单元模式

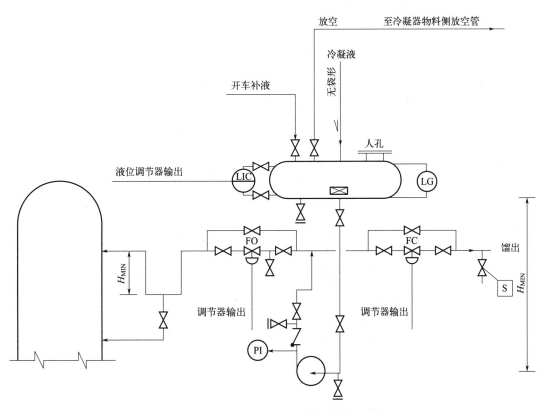

图 5.1.4-8　强制回流的回流罐基本单元模式

2. 塔顶馏出有气体的回流罐

① 管道设计要求

a. 设开车补液管道。

b. 冷凝液管无袋形，有坡度要求，坡向回流罐。

c. 回流罐冷凝液出口管口设破涡流器。

d. 强制回流时，回流罐的安装高度应满足泵的吸入高度要求。

e. 馏出管道上装有取样阀。

f. 回流罐上设有排净阀和排气阀。排气阀后一般设置放空管道，并与冷凝器物料侧排气管相连。

g. 需要时，罐顶设置安全阀（如腐蚀介质，应在安全阀前装爆破片），排至安全之处或送至火炬。

h. 气体馏出管道无袋形，有坡度要求，坡向容器。

i. 气体馏出管道上设置止回阀。

j. 气体馏出管道上设切断阀，切断阀之前设置8字盲板。

k. 8字盲板之前装排净阀。

② 仪表控制设计要求

a. 回流罐上安装玻璃液面计。

b. 回流罐上安装自控液位计。

c. 回流管道上设置回流液控制阀。

d. 如有液体馏出，管道上设置馏出物控制阀。

e. 气体馏出管道上设置流量控制阀。

f. 气体馏出管道上装流量检测和压力检测。

塔顶馏出有气体时回流罐的基本单元模式，如图 5.1.4-9。

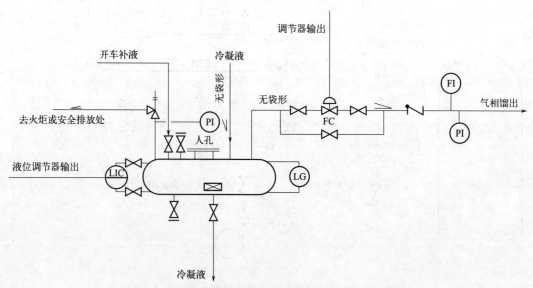

图 5.1.4-9 塔顶馏出有气体时回流罐基本单元模式

5.2 塔的设计

5.2.1 板式塔的设计

板式塔的类型很多，但其设计原则基本相同。一般来说，板式塔的设计步骤大致如下：

① 根据设计任务和工艺要求，确定设计方案；
② 根据设计任务和工艺要求，选择塔板类型；
③ 确定塔径、塔高等工艺尺寸；
④ 进行塔板的设计，包括溢流装置的设计、塔板的布置、升气道（泡罩、筛孔或浮阀等）的设计及排列；
⑤ 进行流体力学验算；
⑥ 绘制塔板的负荷性能图；
⑦ 根据负荷性能图，对设计进行分析，若设计不够理想，可对某些参数进行调整，重复上述设计过程，一直到满意为止。

5.2.1.1 设计方案的确定

1. 装置流程的确定

精馏装置包括精馏塔、原料预热器、蒸馏釜（再沸器）、塔顶汽相冷凝器、釜液冷却器和产品冷却器等设备。精馏过程按操作方式的不同，分为连续蒸馏和间歇蒸馏两种流程。连续蒸馏具有生产能力大，产品质量稳定等优点，工业生产中以连续蒸馏为主。间歇蒸馏具有操作灵活、适应性强等优点，适合于小规模、多品种或多组分物系的初步分离。

精馏是通过物料在塔内的多次部分气化与多次部分冷凝实现分离的，热量自塔釜输入，由冷凝器和冷却器中的冷却介质将余热带走。在此过程中，热能利用率很低，为此，在确定装置流程时应考虑余热的利用。譬如，用原料作为塔顶产品（或釜液产品）冷却器的冷却介质，既可将原料预热，又可节约冷却介质。

另外，为保持塔的操作稳定性，流程中除用泵直接送入塔原料外，也可采用高位槽送料，以免受泵操作波动的影响。

塔顶冷凝装置可采用全凝器、分凝器-全凝器两种不同的设置。工业上以采用全凝器为主，以便于准确地控制回流比。塔顶分凝器对上升蒸气有一定的增浓作用，若后续装置使用气态物料，则宜用分凝器。

总之，确定流程时要较全面、合理地兼顾设备、操作费用、操作控制及安全诸因素。

2. 操作压力的选择

蒸馏过程按操作压力不同，分为常压蒸馏、减压蒸馏和加压蒸馏。一般，除热敏性物系外，凡通过常压蒸馏能够实现分离要求，并能用江河水或循环水将馏出物冷凝下来的物系，都应采用常压蒸馏；对热敏性物系或者混合物泡点过高的物系，则宜采用减压蒸馏；

对常压下馏出物的冷凝温度过低的物系，需提高塔压或者采用深井水、冷冻盐水作为冷却剂；而常压下呈气态的物系必须采用加压蒸馏。例如苯乙烯常压沸点为145.2℃，而将其加热到102℃以上就会发生聚合，故苯乙烯应采用减压蒸馏；脱丙烷塔操作压力提高到1765kPa时，冷凝温度约为50℃，便可用江河水或者循环水进行冷却，则运转费用减少；石油气常压下气态，必须采用加压蒸馏。

3. 进料热状况的选择

精馏操作有五种进料热状况，进料热状况不同，影响塔内各层塔板的气、液相负荷。工业上多采用接近泡点的液体进料和饱和液体（泡点）进料，通常用釜残液预热原料。若工艺要求减少塔釜的加热量，以避免釜温过高，料液产生聚合或结焦，则应采用气态进料。

4. 加热方式的选择

精馏大多采用间接蒸汽加热，设置再沸器。有时也可采用直接蒸汽加热，例如蒸馏釜残液中的主要组分是水，且在低浓度下轻组分的相对挥发度较大时（如乙醇与水混合液）宜采用接蒸汽加热，其优点是可以利用压力较低的加热蒸汽以节省操作费用，并省掉间接加热设备。但由于直接蒸汽的加入，对釜内溶液起一定稀释作用，在进料条件和产品纯度、轻组分收率一定的前提下，釜液浓度相应降低，故需要在提馏段增加塔板以达到生产要求。

5. 回流比的选择

回流比是精馏操作的重要工艺条件，其选择的原则是使设备费和操作费用之和最低。设计时，应根据实际需要选定回流比，也可参考同类生产的经验值选定。必要时可选用若干个 R 值，利用吉利兰图（简捷法）求出对应理论板数 N，作出 N-R 曲线，从中找出适宜操作回流比 R，也可作出 R 对精馏操作费用的关系线，从中确定适宜回流比 R。

5.2.1.2 塔板的类型与选择

塔板是板式塔的主要构件，分为错流式塔板和逆流式塔板两类，工业应用以错流式塔板为主，常用的错流式塔板主要有下列几种。

1. 泡罩塔板

泡罩塔板是工业上应用最早的塔板，其主要元件为升气管及泡罩。泡罩安装在升气管顶部，分圆形和条形两种，国内应用较多的是圆形泡罩。泡罩尺寸分为 $\varphi 80mm$、$\varphi 100mm$、$\varphi 150mm$ 三种，可根据塔径的大小选择。通常塔径小于 1000mm，选用 $\varphi 80mm$ 的泡罩；塔径大于 2000mm，选用 $\varphi 150mm$ 的泡罩。

泡罩塔板的主要优点是操作弹性较大，液气比范围大，不易堵塞，适于处理各种物料，操作稳定可靠。其缺点是结构复杂，造价高；板上液层厚，塔板压降大，生产能力及板效率较低。近年来，泡罩塔板已逐渐被筛板、浮阀塔板所取代。在设计中除特殊需要（如分离黏度大、易结焦等物系）外一般不宜选用。

2. 筛孔塔板

筛孔塔板简称筛板，结构特点为筛板上开有许多均匀的小孔。根据孔径的大小，分为小孔径筛板（孔径为 3～8mm）和大孔径筛板（孔径为 10～25mm）两类。工业应用中以小孔径筛板为主，大孔径筛板多用于某些特殊场合（如分离黏度大、易结焦的物系）。

筛板的优点是结构简单，造价低；板上液面落差小，气体压降低，生产能力较大；气体分散均匀，传质效率较高。其缺点是筛孔易堵塞，不宜处理易结焦、黏度大的物料。

尽管筛板传质效率高，但若设计和操作不当，易产生漏液，使得操作弹性减小，传质效率下降，故过去工业上应用较为谨慎。近年来，由于设计和控制水平的不断提高，筛板的操作可做到非常精确，弥补了上述不足，故应用日趋广泛。在确保精确设计和采用先进控制手段的前提下，设计中可大胆选用。

3. 浮阀塔板

浮阀塔板是在泡罩塔板和筛孔塔板的基础上发展起来的，它吸收了两种塔板的优点。其结构特点是在塔板上开有若干个阀孔，每个阀孔装有一个可以上下浮动的阀片。气流从浮阀周边水平地进入塔板上液层，浮阀可根据气流流量的大小而上下浮动，自行调节。浮阀的类型很多，国内常用的有 F1 型、V-4 型及 T 型等，其中以 F1 型浮阀应用最为普遍。

浮阀塔板的优点是结构简单、制造方便、造价低；塔板开孔率大，生产能力大；由于阀片可随气量变化自由升降，故操作弹性大；因上升气流水平吹入液层，气液接触时间较长，故塔板效率较高。其缺点是处理易结焦、高黏度的物料时，阀片易与塔板粘结；在操作过程中有时会发生阀片脱落或卡死等现象，使塔板效率和操作弹性下降。

由于浮阀具有生产能力大，操作弹性大及塔板效率高等优点，且加工方便，故有关浮阀塔板的研究开发远较其他型式的塔板广泛，是目前新型塔板研究开发的主要方向。近年来研究开发出的新型浮阀有船型浮阀、管型浮阀、梯型浮阀、双层浮阀、V-V 浮阀、混合浮阀等，其共同的特点是加强了流体的导向作用和气体的分散作用，使气液两相的流动更趋于合理，操作弹性和塔板效率得到进一步的提高。但应指出，在工业应用中，目前还多采用 F1 型浮阀，其原因是 F1 型浮阀已有系列化标准，各种设计数据完善，便于设计和对比。而采用新型浮阀，设计数据不够完善，给设计带来一定的困难，但随着新型浮阀性能测定数据的不断发表及工业应用的增加，其设计数据会逐步完善，在有较完善的性能数据下，设计中可选用新型浮阀。

5.2.1.3 板式塔的塔体工艺结构尺寸计算

板式塔的塔体工艺结构尺寸包括塔体的有效高度和塔径。

1. 塔的有效高度计算

（1）基本计算公式

板式塔的有效高度是指安装塔板部分的高度，可按下式计算：

$$Z = \left(\frac{N_T}{E_T} - 1\right) H_T \qquad (5.2.1\text{-}1)$$

式中，Z 为板式塔的有效高度，m；N_T 为塔内所需的理论板层数；E_T 为总板效率；H_T 为塔板间距，m。

(2) 理论板层数的计算

对给定的设计任务,当分离要求和操作条件确定后,所需的理论板层数可采用逐板计算法或图解法求得。

(3) 塔板间距的确定

塔板间距 H_T 的选取与塔高、塔径、物系性质、分离效率、操作弹性以及塔的安装、检修等因素有关。设计时通常根据塔径的大小,由表5.2.1-1列出的塔板间距的经验数值选取。

表5.2.1-1 塔板间距与塔径的关系

塔径	D/m	0.3~0.5	0.5~0.8	0.8~1.6	1.6~2.0	2.0~2.4	≥2.4
塔板间距	H_T/mm	200~300	300~350	350~450	450~600	500~800	≥800

选取塔板间距时,还要考虑实际情况。例如塔板层数很多时,宜选用较小的塔板间距,适当加大塔径以降低塔的高度;塔内各段负荷差别较大时,也可采用不同的塔板间距以保持塔径的一致;对易发泡的物系,塔板间距应取大些,以保证塔的分离效果;对生产负荷波动较大的场合,也需加大塔板间距以提高操作弹性。在设计中,有时需反复调整,选定适宜的塔板间距。

塔板间距的数值应按系列标准选取,常用的塔板间距有300mm、350mm、400mm、450mm、500mm、600mm、800mm等几种系列标准。应予指出,塔板间距的确定除考虑上述因素外,还应考虑安装、检修的需要。例如在塔体的人孔处,应采用较大的塔板间距,一般不低于600mm。

2. 塔径的计算

板式塔的塔径依据体积流量公式计算,即

$$D = \sqrt{\frac{4V_s}{\pi u}} \quad (5.2.1\text{-}2)$$

式中,D 为塔径,m;V_s 为操作状态下的气体体积流量,m³/s;u 为操作状态下的空塔气速,m/s。

由式(5.2.1-2)可知,计算塔径的关键是计算空塔气速 u。设计中,空塔气速 u 的计算方法是,先求得最大空塔气速 u_{max},然后根据设计经验,乘以一定的安全系数,即

$$u = (0.6 \sim 0.8) u_{max} \quad (5.2.1\text{-}3)$$

安全系数的选取与分离物系的发泡程度密切相关。对不易发泡的物系,可取较高的安全系数,对易发泡的物系,应取较低的安全系数。

最大空塔气速 u_{max} 可依据悬浮液滴沉降原理导出,其结果为:

$$u_{max} = C \sqrt{\frac{\rho_L - \rho_V}{\rho_V}} \quad (5.2.1\text{-}4)$$

式中,ρ_L 为液相密度,kg/m³;ρ_V 为气相密度,kg/m³;C 为负荷因子,m/s。

负荷因子 C 值与气液负荷、物性及塔板结构有关,一般由实验确定。史密斯(Smith)等人汇集了若干泡罩、筛板和浮阀塔的数据,整理成负荷因子与诸影响因素间

的关系曲线,如图 5.2.1-1 所示。

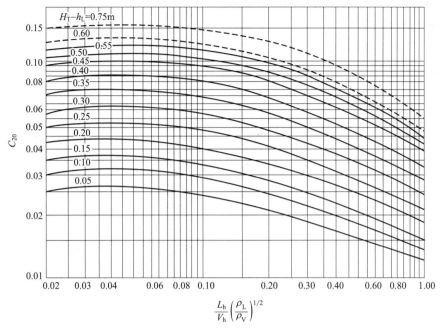

图 5.2.1-1　史密斯关联图

图中横坐标 $\dfrac{L_h}{V_h}\left(\dfrac{\rho_L}{\rho_V}\right)^{1/2}$ 的量纲为 1,称为液气动能参数,它反映液、气两相的负荷与密度对负荷因子的影响;纵坐标 C_{20} 为物系表面张力为 20mN/m 时的负荷因子;参数 H_T-h_L 反映液滴沉降空间高度对负荷因子的影响。

设计中,板上液层高度 h_L 由设计者选定,对常压塔,一般取 0.05~0.08m;对减压塔,一般取 0.025~0.03m。图 5.2.1-1 是按液体表面张力 $\sigma_L=20$mN/m 的物系绘制的,当所处理的物系表面张力为其他值时,应按式(5.2.1-5)进行校正,即

$$C=C_{20}\left(\dfrac{\sigma_L}{20}\right)^{0.2} \tag{5.2.1-5}$$

式中,C 为操作物系的负荷因子,m/s;σ_L 为操作物系的液体表面张力,mN/m。

应予指出,由式(5.2.1-2)计算出塔径 D 后,还应按塔径系列标准进行圆整。常用的标准塔径为:400mm、500mm、600mm、700mm、800mm、1000mm、1200mm、1400mm、1600mm、2000mm、2200mm 等。

还应指出,以上算出的塔径只是初估值,还要根据流体力学原则进行验算。另外,对于精馏过程,精馏段和提馏段的气、液相负荷及物性数据是不同的,故设计中两段的塔径应分别计算,若二者相差不大,应取较大者作为塔径,若二者相差较大,应采用变径塔。

5.2.1.4　板式塔的塔板工艺尺寸计算

1. 溢流装置的设计

板式塔的溢流装置包括溢流堰、降液管和受液盘等几部分,其结构和尺寸对塔的性能

有着重要的影响。

(1) 降液管的类型与溢流方式

① 降液管的类型

降液管是塔板间流体流动的通道，也是使溢流液中所夹带气体得以分离的场所。降液管有圆形与弓形两类，如图 5.2.1-2 所示。圆形降液管一般只用于小直径塔，对于直径较大的塔，常用弓形降液管。

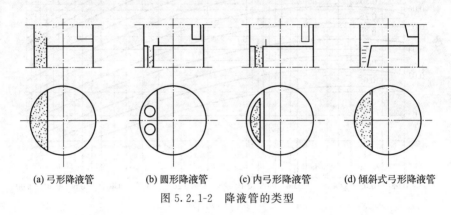

(a) 弓形降液管　(b) 圆形降液管　(c) 内弓形降液管　(d) 倾斜式弓形降液管

图 5.2.1-2　降液管的类型

② 溢流方式

溢流方式与降液管的布置有关。常用的降液管布置方式有 U 形流、单溢流、双溢流及阶梯式双溢流等，如图 5.2.1-3 所示。

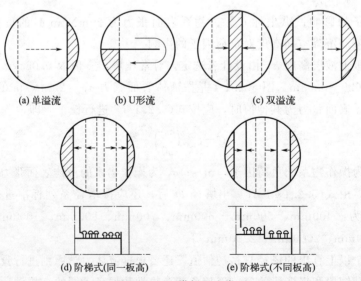

(a) 单溢流　(b) U形流　(c) 双溢流

(d) 阶梯式(同一板高)　(e) 阶梯式(不同板高)

图 5.2.1-3　塔板溢流类型

U 形流也称回转流。其结构是将弓形降液管用挡板隔成两半，一半作为受液盘，另一半作为降液管，降液等和受液装置安排在同一侧。此种溢流方式液体流径长，可以提高板效率，其板面利用率也高，但它的液面落差大，只适用于小塔及液体流量小的场合。

单溢流又称直径流。液体自受液盘横向流过塔板至溢流堰。此种溢流方式液体流径较长，塔板效率较高，塔板结构简单，加工方便，在直径小于 2.2m 的塔中被广泛使用。

双溢流又称半径流。其结构是降液管交替设在塔截面的中部和两侧，来自上层塔板的液体分别从两侧的降液管进入塔板，横过半块塔板而进入中部降液管，到下层塔板则液体由中央向两侧流动。此种溢流方式的优点是液体流动的路程短，可降低液面落差，但塔板结构复杂，板面利用率低，一般用于直径大于 2m 的塔中。

阶梯式双溢流的塔板做成阶梯型式，每一阶梯均有溢流。此种溢流方式可在不缩短液体流径的情况下减小液面落差。这种塔板结构最为复杂，只适用于塔径很大、液流量很大的特殊场合。

溢流类型与液体负荷及塔径有关。表 5.2.1-2 列出了溢流类型与液体流量及塔径的经验关系，可供设计时参考。

表 5.2.1-2 溢流类型与液体流量及塔径的关系

塔径 D/mm	液体流量 L_h/(m³/h)			
	U 形流	单溢流	双溢流	阶梯式双溢流
600	<5	5～25		
900	<7	7～50		
1000	<7	<45		
1400	<9	<70		
2000	<11	<90	90～160	
3000	<11	<110	110～200	200～300
4000	<11	<110	110～230	230～350
5000	<11	<110	110～250	250～400
6000	<11	<110	110～250	250～450
应用场合	用于较低液气比	用于一般场合	用于高液气比或大型塔板	用于极高液气比或超大型塔板

(2) 溢流装置的设计计算

为维持塔板上有一定高度的流动液层，必须设置溢流装置。溢流装置的设计包括堰长 l_w、堰高 h_w，弓形降液管的宽度 W_d、截面积 A_f，降液管底隙高度 h_o，进口堰的高度 h'_w 与降液管间的水平距离 h_1 等，如图 5.2.1-4 所示。

① 溢流堰（出口堰）

将降液管的上端高出塔板板面，即形成溢流堰。溢流堰板的形状有平直形与齿形两种，设计中一般采用平直形溢流堰板。

a. 堰长

弓形降液管的弦长称为堰长，以 l_w 表示。堰长 l_w 一般根据经验确定，对于常用的弓形降液管：

单溢流　$l_w = (0.6 \sim 0.8)D$

双溢流　$l_w = (0.5 \sim 0.6)D$

式中，D 为塔内径，m

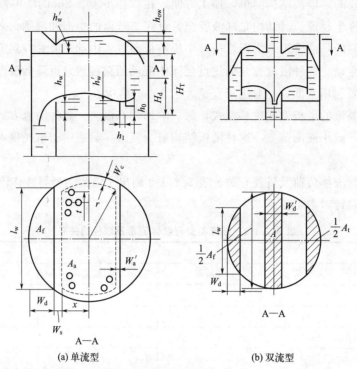

(a) 单流型   (b) 双流型

图 5.2.1-4　塔板的结构参数

b. 堰高

降液管端面高出塔板板面的距离，称为堰高，以 h_w 表示。堰高与板上清液层高度及堰上液层高度的关系为：

$$h_L = h_w + h_{ow} \tag{5.2.1-6}$$

式中，h_L 为板上清液层高度，m；h_{ow} 为堰上液层高度，m。

设计时，一般应保持塔板上清液层高度在 50～100mm，于是，堰高 h_w 可由板上清液层高度及堰上液层高度而定。堰上液层高度对塔板的操作性能有很大的影响。堰上液层高度太小，会造成液体在堰上分布不均，影响传质效果，设计时应使堰上液层高度大于 6mm，若小于此值，须采用齿形堰；堰上液层高度太大，会增大塔板压降及液沫夹带量。一般设计时 h_{ow} 不宜大于 60～70mm，超过此值时，可改用双溢流型式。

对于平直堰，堰上液层高度 h_{ow} 可用弗兰西斯（Francis）公式计算，即

$$h_{ow} = \frac{2.84}{1000} E \left(\frac{L_h}{l_w}\right)^{2/3} \tag{5.2.1-7}$$

式中，L_h 为塔内液体流量，m³/h；E 为液流收缩系数，可由图 5.2.1-5 查得。

根据设计经验，取 $E=1$ 时所引起的误差能满足工程设计要求。当 $E=1$ 时，由式(5.2.1-7)可看出，h_{ow} 仅与 L_h 及 l_w 有关，于是可用图 5.2.1-6 所示的列线图求出 h_{ow}。

求出 h_{ow} 后，即可按式(5.2.1-8)范围确定 h_w：

$$0.05 - h_{ow} \leqslant h_w \leqslant 0.1 - h_{ow} \tag{5.2.1-8}$$

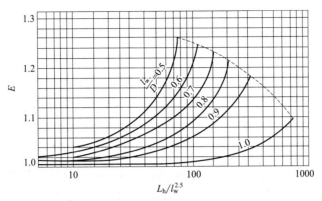

图 5.2.1-5　液流收缩系数计算图

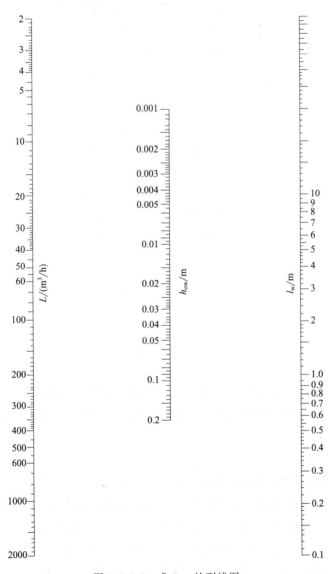

图 5.2.1-6　求 h_{ow} 的列线图

在工业塔中,堰高 h_w 一般为 $0.04\sim0.05\mathrm{m}$;减压塔为 $0.015\sim0.025\mathrm{m}$;加压塔为 $0.04\sim0.08\mathrm{m}$,一般不宜超过 $0.1\mathrm{m}$。

② 降液管

工业中以弓形降液管应用为主,故此处只讨论弓形降液管的设计。

a. 弓形降液管的宽度及截面积

弓形降液管的宽度以 W_d 表示,截面积以 A_f 表示,设计中可根据堰长与塔径之比 l_w/D 由图 5.2.1-7 查得。

为使液体中夹带的气泡得以分离,液体在降液管内应有足够的停留时间。由实践经验可知,液体在降液管内的停留时间不应小于 $3\sim 5\mathrm{s}$,对于高压下操作的塔及易起泡的物系,停留时间应更长一些。为此,在确定降液管尺寸后,应按式(5.2.1-9)验算降液管内液体的停留时间 θ,即

$$\theta = \frac{3600 A_f H_T}{L_h} \geqslant 3\sim 5 \quad (5.2.1\text{-}9)$$

若不能满足式(5.2.1-9)要求,应调整降液管尺寸或板间距,直至满足要求为止。

b. 降液管底隙高度

降液管底隙高度是指降液管下端与塔板间的距离,以 h_o 表示。降液管底隙高度 h_o 应低于出口堰高度 h_w,才能保证降液管底端有良好的液封,一般不应低于 6mm,即

$$h_o = h_w - 0.006 \quad (5.2.1\text{-}10)$$

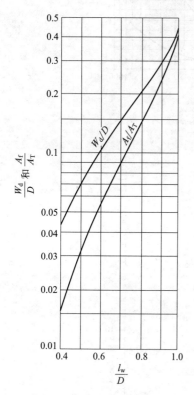

图 5.2.1-7 弓形降液管的参数

h_o 也可按下式计算:

$$h_o = \frac{L_h}{3600 l_w u_o'} \quad (5.2.1\text{-}11)$$

式中,u_o' 为液体通过底隙时的流速,m/s。根据经验,一般取 $0.07\sim 0.25\mathrm{m/s}$。降液管底隙高度一般不宜小于 $20\sim 25\mathrm{mm}$,否则易于堵塞,或因安装偏差而使液流不畅,造成液泛。

③ 受液盘

受液盘有平受液盘和凹形受液盘两种形式,如图 5.2.1-8 所示。

平受液盘一般需在塔板上设置进口堰,以保证降液管的液封,并使液体在板上分布均匀。进口堰高度 h_w' 可按下述原则考虑:当出口堰高度 h_w 大于降液管底隙高度 h_o(一般都是这样)时,取 $h_w' = h_w$,在个别情况下 $h_w < h_o$,则应取 $h_w' < h_o$,以保证液体由降液管流出时不致受到很大阻力,进口堰与降液管间的水平距离 h_1 不应小于 h_o。

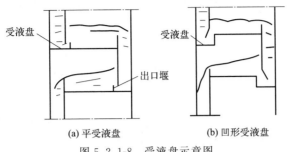

图 5.2.1-8 受液盘示意图

设置进口堰既占用板面,又易使沉淀物淤积此处造成阻塞。采用凹形受液盘不需设置进口堰。凹形受液盘既可在低液量时能形成良好的液封,又有改变液体流向的缓冲作用,并便于液体从侧线的抽出。对于 $\phi 600\text{mm}$ 以上的塔,多采用凹形受液盘。凹形受液盘的深度一般在 50mm 以上,有侧线采出时宜取深些。凹形受液盘不适用于易聚合及有悬浮固体的情况,因易造成死角而堵塞。

2. 塔板设计

塔板具有不同的类型,不同类型塔板的设计原则虽基本相同,但又各自有不同的特点,现对筛板的设计方法进行讨论。

(1) 塔板布置

塔板板面根据所起作用不同分为四个区域,如图 5.2.1-4 所示。

① 开孔区

图 5.2.1-4 中虚线以内的区域为布置筛孔的有效传质区,称为开孔区,亦称鼓泡区。开孔区面积以 A_a 表示,对单溢流型塔板,开孔区面积可用下式计算,即

$$A_a = 2\left(x\sqrt{r^2 - x^2} + \frac{\pi r^2}{180}\sin^{-1}\frac{x}{r}\right) \qquad (5.2.1\text{-}12)$$

式中,$x = \frac{D}{2} - (W_d + W_s)$,m;$r = \frac{D}{2} - W_c$,m;$\sin^{-1}\frac{x}{r}$ 为以角度表示的反正弦函数。

② 溢流区

溢流区为降液管及受液盘所占的区域,其中降液管所占面积以 A_f 表示,受液盘所占面积以 A_f' 表示。

③ 安定区

开孔区与溢流区之间的不开孔区域称为安定区,也称为破沫区。溢流堰前的安定区宽度为 W_s,其作用是使液体进入降液管之前有一段不鼓泡的安定地带,以免液体大量夹带气泡进入降液管;进口堰后的安定区宽度为 W_s',其作用是在液体入口处,由于板上液面落差,液层较厚,有一段不开孔的安全地带,可减少漏液量。安定区的宽度可按下述范围选取,即

溢流堰前的安定区宽度 $W_s = 70 \sim 100\text{mm}$

进口堰后的安定区宽度 $W_s' = 50 \sim 100\text{mm}$

对小直径的塔（$D<1m$），因塔板面积小，安定区要相应减小。

④ 无效区

在靠近塔壁的一圈边缘区域供支持塔板的边梁之用，称为无效区，也称边缘区。其宽度 W_c 视塔板的支承需要而定，小塔一般为 30～50mm，大塔一般为 50～70mm。为防止液体经无效区流过而产生短路现象，可在塔板上沿塔壁设置挡板。

应予指出，为便于设计及加工，塔板的结构参数已逐渐系列化。附录1中的表1中列出了塔板结构参数的系列化标准，可供设计时参考。

(2) 筛孔的计算及其排列

① 筛孔直径

筛孔直径 d_o 的选取与塔的操作性能要求、物系性质、塔板厚度、加工要求等有关，是影响气相分散和气液接触的重要工艺尺寸。按设计经验，表面张力为正系统的物系，可采用 d_o 为 3～8mm（常用 4～5mm）的小孔径筛板；表面张力为负系统的物系或易堵塞物系，可采用 d_o 为 10～25mm 的大孔径筛板。近年来，随着设计水平的提高和操作经验的积累，采用大孔径筛板逐渐增多，因大孔径筛板加工简单、造价低，且不易堵塞，只要设计合理，操作得当，仍可获得满意的分离效果。

② 筛板厚度

筛孔的加工一般采用冲压法，故确定筛板厚度应根据筛孔直径的大小，考虑加工的可能性。

对于碳钢塔板，板厚 δ 为 3～4mm，孔径 d_o 应不小于板厚 δ；对于不锈钢塔板，板厚 δ 为 2～2.5mm，d_o 应不小于 (1.5～2)δ。

③ 孔中心距

相邻两筛孔中心的距离称为孔中心距，以 t 表示。孔中心距 t 一般为 (2.5～5)d_o，t/d_o 过小，易使气流相互干扰，过大，则鼓泡不均匀，都会影响传质效率。设计推荐值为 $t/d_o = 3 \sim 4$。

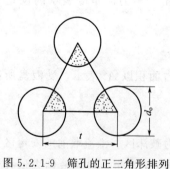

图 5.2.1-9 筛孔的正三角形排列

④ 筛孔的排列与筛孔数

设计时，筛孔按正三角形排列，如图 5.2.1-9 所示。当采用正三角形排列时，筛孔的数目 n 可按下式计算，即

$$n = \frac{1.155 A_a}{t^2} \quad (5.2.1\text{-}13)$$

式中，A_a 为开孔区面积，m^2；t 为筛孔的孔中心距，m。

⑤ 开孔率

筛板上筛孔总面积 A_o 与开孔区面积 A_a 的比值称为开孔率 ϕ，即

$$\phi = \frac{A_o}{A_a} \times 100\% \quad (5.2.1\text{-}14)$$

筛孔按正三角形排列时，可以导出

$$\phi = \frac{A_o}{A_a} = 0.907\left(\frac{d_o}{t}\right)^2 \qquad (5.2.1\text{-}15)$$

应予指出，按上述方法求出筛孔的直径 d_o、筛孔数目 n 后，还需通过流体力学验算，检验是否合理，若不合理需进行调整。

5.2.1.5 筛板的流体力学验算

塔板流体力学验算的目的在于检验初步设计的塔板计算是否合理，塔板能否正常操作。验算内容有以下几项：塔板压力降、液面落差、液沫夹带、漏液及液泛等。

1. 塔板压降

气体通过筛板时，需克服筛板本身的干板阻力、板上充气液层的阻力及液体表面张力造成的阻力，这些阻力形成了筛板的压降。气体通过筛板的压降 ΔP，可由下式计算：

$$\Delta P_p = h_p \rho_L g \qquad (5.2.1\text{-}16)$$

式(5.2.1-16)中的液柱高度 h_p 可按下式计算，即

$$h_p = h_c + h_l + h_\sigma \qquad (5.2.1\text{-}17)$$

式中，h_c 为与气体通过筛板的干板压降相当的液柱高度，m 液柱；h_l 为与气体通过板上液层的压降相当的液柱高度，m 液柱；h_σ 为与克服液体表面张力的压降相当的液柱高度，m 液柱。

(1) 干板阻力

干板阻力 h_c 可按以下经验公式估算，即

$$h_c = 0.051\left(\frac{u_o}{c_o}\right)^2 \left(\frac{\rho_V}{\rho_L}\right)\left[1 - \left(\frac{A_o}{A_a}\right)^2\right] \qquad (5.2.1\text{-}18)$$

式中，u_o 为气体通过筛孔的速度，m/s；c_o 为流量系数。

通常，筛板的开孔率 $\phi \leqslant 15\%$，故式(5.2.1-18)可简化为

$$h_c = 0.051\left(\frac{u_o}{c_o}\right)^2 \left(\frac{\rho_V}{\rho_L}\right) \qquad (5.2.1\text{-}19)$$

流量系数 c_o 的求取方法较多，当 $d_o < 10\text{mm}$，其值可由图 5.2.1-10 直接查出。当 $d_o \geqslant 10\text{mm}$ 时，由图 5.2.1-10 查得 c_o 后再乘以 1.15 的校正系数。

(2) 气体通过液层的阻力

气体通过液层的阻力 h_l 与板上清液层的高度 h_L 及气泡的状况等许多因素有关，其计算方法很多，设计中常采用下式估算

$$h_l = \beta h_L = \beta(h_w + h_{ow}) \qquad (5.2.1\text{-}20)$$

式中，β 为充气系数，反映板上液层的充气程度，其值可从图 5.2.1-11 查取，通常可取 $\beta = 0.5 \sim 0.6$。

图 5.2.1-11 中 F_0 为气相动能因子，其定义式为

$$F_0 = u_a \sqrt{\rho_V} \qquad (5.2.1\text{-}21)$$

$$u_a = \frac{V_a}{A_T - A_f} \qquad (5.2.1\text{-}22)$$

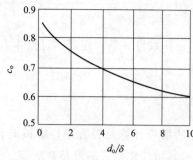

图 5.2.1-10 干筛孔的流量系数

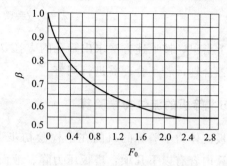

图 5.2.1-11 充气系数关联图

式中，F_0 为气相动能因子，$kg^{1/2}/(s \cdot m^{1/2})$；$u_a$ 为通过有效传质区的气速，m/s；A_T 为塔截面积，m^2。

(3) 液体表面张力的阻力

液体表面张力的阻力 h_σ 可由下式估算，即

$$h_\sigma = \frac{4\sigma_L}{\rho_L g d_o} \tag{5.2.1-23}$$

式中，σ_L 为液体的表面张力，N/m。

由以上各式分别求出 h_c、h_l 及 h_σ 后，即可计算出气体通过筛板的压降 ΔP_p，该计算值应低于设计允许值。

2. 液面落差

当液体横向流过塔板时，为克服板上的摩擦阻力和板上构件的局部阻力，需要一定的液位差，此即液面落差。筛板上由于没有突起的气液接触构件，故液面落差较小。在正常的液体流量范围内，对于 $D \leqslant 1600mm$ 的筛板，液面落差可忽略不计。对于液体流量很大及 $D \geqslant 2000mm$ 的筛板，需要考虑液面落差的影响。液面落差的计算方法参考有关书籍。

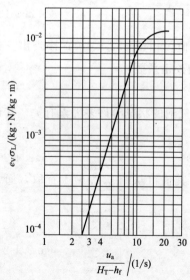

图 5.2.1-12 亨特液沫夹带关联图

3. 液沫夹带

液沫夹带造成液相在塔板间的返混，严重的液沫夹带会使塔板效率急剧下降，为保证塔板效率的基本稳定，通常将液沫夹带量限制在一定范围内，设计中规定液沫夹带量 e_V 小于 0.1kg 液体/kg 气体。

计算液沫夹带量的方法很多，设计中常采用亨特关联图，如图 5.2.1-12 所示。图中直线部分可回归成下式

$$e_V = \frac{5.7 \times 10^{-6}}{\sigma_L} \left(\frac{u_a}{H_T - h_f} \right)^{3.2} \tag{5.2.1-24}$$

式中，e_V 为液沫夹带量，kg 液体/kg 气体；h_f 为塔板上鼓泡层高度，m。

根据设计经验，一般取 $h_f = 2.5 h_L$。

4. 漏液

当气体通过筛孔的流速较小，气体的动能不足以阻止液体向下流动时，便会发生漏液现象。根据经验，当漏液量小于塔内液流量的 10% 时对塔板效率影响不大。故漏液量等于塔内液流量的 10% 时的气速称为漏液点气速，它是塔板操作气速的下限，以 $u_{o,\min}$ 表示。

计算筛板塔漏液点气速有不同的方法。设计中可采用下式计算，即

$$u_{o,\min} = 4.4 C_o \sqrt{(0.0056 + 0.13 h_L - h_\sigma) \rho_L / \rho_V} \qquad (5.2.1-25)$$

当 $h_L < 30\text{mm}$ 或筛孔孔径 $d_o < 3\text{mm}$ 时，用下式计算较适宜：

$$u_{o,\min} = 4.4 C_o \sqrt{(0.01 + 0.13 h_L - h_\sigma) \rho_L / \rho_V} \qquad (5.2.1-26)$$

因漏液量与气体通过筛孔的动能因子有关，故亦可采用动能因子计算漏液点气速，即

$$u_{o,\min} = \frac{F_{o,\min}}{\sqrt{\rho_V}} \qquad (5.2.1-27)$$

式中，F_o 为漏液点动能因子，$F_{o,\min}$ 值的适宜范围为 8～10。

气体通过筛孔的实际速度 u_o 与漏液点气速 $u_{o,\min}$ 之比，称为稳定系数，即

$$K = \frac{u_o}{u_{o,\min}} \qquad (5.2.1-28)$$

式中，K 为稳定系数，量纲为 1。K 值的适宜范围为 1.5～2。

5. 液泛

液泛分为降液管液泛和液沫夹带液泛两种情况。因设计中已对液沫夹带量进行了验算，故在筛板的流体力学验算中通常只对降液管液泛进行验算。

为使液体能由上层塔板稳定地流入下层塔板，降液管内须维持一定的液层高度 H_d。降液管内液层高度用来克服相邻两层塔板间的压降、板上清液层阻力和液体流过降液管的阻力，因此，可用式(5.2.1-29) 计算 H_d，即

$$H_d = h_p + h_L + h_d \qquad (5.2.1-29)$$

式中，H_d 为降液管中清液层高度，m 液柱；h_d 为与液体流过降液管的压降相当的液柱高度，m 液柱。

h_d 主要由降液管底隙处的局部阻力造成，可按下面经验公式估算：

塔板上不设置进口堰　　$h_d = 0.153 \left(\dfrac{L_s}{l_w h_o}\right)^3 = 0.153 (u'_o)^2 \qquad (5.2.1-30)$

塔板上设置进口堰　　$h_d = 0.2 \left(\dfrac{L_s}{l_w h_o}\right)^2 = 0.2 (u'_o)^2 \qquad (5.2.1-31)$

式中，u'_o 为流体流过降液管底隙时的流速，m/s。

按式(5.2.1-29) 可算出降液管中清液层高度 H_d，而降液管中液体和泡沫的实际高度大于此值。为了防止液泛，应保证降液管中泡沫液体总高度不能超过上层塔板的出口堰，即

$$H_d \leqslant \varphi (H_T + h_w) \qquad (5.2.1-32)$$

式中，φ 为安全系数，对易发泡物系，$\varphi = 0.3 \sim 0.5$；不易发泡物系，$\varphi = 0.6 \sim 0.7$。

6. 塔板的负荷性能图

按上述方法进行流体力学验算后,还应绘出塔板的负荷性能图,以检验设计的合理性。塔板的负荷性能图的绘制方法见"筛板精馏塔设计示例"。

7. 板式塔的结构与附属设备

(1) 塔体结构

① 塔顶空间

塔顶空间指塔内最上层塔板与塔顶的间距。为利于出塔气体夹带的液滴沉降,其高度应大于板间距,设计中通常取塔顶间距为 $(1.5 \sim 2.0) H_T$。若需要安装除沫器,要根据除沫器的安装要求确定塔顶间距。

② 塔底空间

塔底空间指塔内最下层塔板到塔底间距。其值由如下因素决定:

a. 塔底储液空间依储存液量停留 3~8min(易结焦物料可缩短停留时间)而定;

b. 再沸器的安装方式及安装高度;

c. 塔底液面至最下层塔板之间要留有 1~2m 的间距。

③ 人孔

对于 $D \geq 1000mm$ 的板式塔,为安装、检修的需要,一般每隔 6~8 层塔板设一个人孔。人孔直径一般为 450mm~600mm,其伸出塔体的筒体长为 200~250mm,人孔中心距操作平台约 800~1200mm。设置人孔处的板间距应等于或大于 600mm。

④ 塔高

板式塔的塔高如图 5.2.1-13 所示。可按下式计算,即

$$H = (n - n_F - n_p - 1)H_T + n_F H_F + n_P H_P + H_D + H_B + H_1 + H_2$$

(5.2.1-33)

式中,H 为塔高,m;n 为实际塔板数;n_F 为进料板数;n_P 为人孔数;H_F 为进料板处板间距,m;H_B 为塔底空间高度,m;H_P 为设人孔处的板间距,m;H_D 为塔顶空间高度,m;H_1 为封头高度,m;H_2 为裙座高度,m。

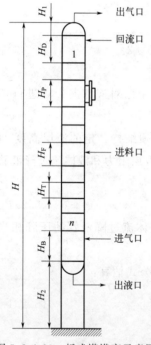

图 5.2.1-13 板式塔塔高示意图

(2) 塔板结构

塔板按结构特点,大致可分为整块式和分块式两类塔板。

塔径小于 800mm 时,一般采用整块式;塔径超过 800mm 时,由于刚度、安装、检修等要求,多将塔板分成数块通过人孔送入塔内。对于单溢流型塔板,塔板分块数如表 5.2.1-3 所示,其常用的分块方法如图 5.2.1-14 所示。

表 5.2.1-3　塔板分块数

塔径/mm	800～1200	1400～1600	1800～2000	2200～2400
塔板分块数	3	4	5	6

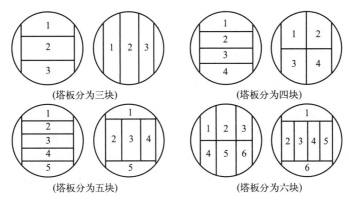

图 5.2.1-14　单溢流型塔板分块示意图

(3) 精馏塔的附属设备

精馏塔的附属设备包括蒸气冷凝器、产品冷却器、再沸器、原料预热器等，可根据有关教材或化工手册进行选型与设计。

5.2.1.6　板式塔设计示例

在一常压操作的连续精馏塔内分离苯-甲苯混合物。已知原料液的处理量为 4000kg/h、组成为 0.41（苯的质量分率，下同），要求塔顶馏出液的组成为 0.96，塔底釜液的组成为 0.01。

设计条件如下：

操作压力　　　　4kPa（塔顶表压）；
进料热状况　　　自选；
回流比　　　　　自选；
单板压降　　　　≤0.7kPa；
全塔效率　　　　$E_T=52\%$；
建厂地址　　　　天津地区。

试根据上述工艺条件作出筛板塔的设计计算。

(1) 设计方案的确定

本设计任务为分离苯-甲苯混合物。对于二元混合物的分离，应采用连续精馏流程。

设计中采用泡点进料，将原料液通过预热器加热至泡点后送入精馏塔内。塔顶上升蒸气采用全凝器冷凝，冷凝液在泡点下一部分回流至塔内，其余部分经产品冷却器冷却后送至储罐。该物系属易分离物系，最小回流比较小，故操作回流比取最小回流比的 2 倍。塔釜采用间接蒸汽加热，塔底产品经冷却后送至储罐。

(2) 精馏塔的物料衡算

① 原料液及塔顶、塔底产品的摩尔分数

苯的摩尔质量　　　$M_A = 78.11 \text{kg/kmol}$
甲苯的摩尔质量　　$M_B = 92.13 \text{kg/kmol}$

$$x_F = \frac{0.41/78.11}{0.41/78.11 + 0.59/92.13} = 0.450$$

$$x_D = \frac{0.96/78.11}{0.96/78.11 + 0.04/92.13} = 0.966$$

$$x_W = \frac{0.01/78.11}{0.01/78.11 + 0.99/92.13} = 0.012$$

② 原料液及塔顶、塔底产品的平均摩尔质量

$$M_F = 0.450 \times 78.11 + (1 - 0.450) \times 92.13 = 85.82 \text{kg/kmol}$$
$$M_D = 0.966 \times 78.11 + (1 - 0.966) \times 92.13 = 78.59 \text{kg/kmol}$$
$$M_W = 0.012 \times 78.11 + (1 - 0.012) \times 92.13 = 91.96 \text{kg/kmol}$$

③ 物料衡算

原料处理量　　　$F = \dfrac{4000}{85.82} = 46.61 \text{kmol/h}$

总物料衡算　　　$46.61 = D + W$

苯物料衡算　　　$46.61 \times 0.45 = 0.966D + 0.012W$

联立解得　　　　$D = 21.40 \text{kmol/h}$
　　　　　　　　$W = 25.21 \text{kmol/h}$

(3) 塔板数的确定

① 理论板层数 N_T 的求取

苯-甲苯属理想物系，可采用图解法求理论板层数。

a. 由手册查得苯-甲苯物系的气液平衡数据，绘出 x-y 图，见图 5.2.1-15。

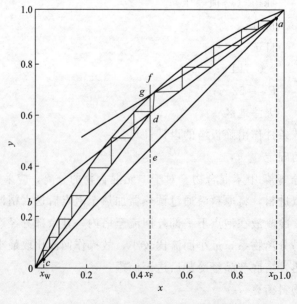

图 5.2.1-15　图解法求理论版层数

b. 求最小回流比及操作回流比。

采用作图法求最小回流比。在图 5.2.1-15 中对角线上，自点 $e(0.45,0.45)$ 作垂线 ef 即为进料线（q 线），该线与平衡线的交点坐标为

$$y_q=0.667 \quad x_q=0.450$$

故最小回流比为

$$R_{min}=\frac{x_D-y_q}{y_q-x_q}=\frac{0.966-0.667}{0.667-0.45}=1.38$$

取操作回流比为

$$R=2R_{min}=2\times1.38=2.76$$

c. 求精馏塔的气、液相负荷

$$L=RD=2.76\times21.40=59.06\text{kmol/h}$$
$$V=(R+1)D=(2.76+1)\times21.40=80.46\text{kmol/h}$$
$$L'=L+F=59.06+46.61=105.67\text{kmol/h}$$
$$V'=V=80.46\text{kmol/h}$$

d. 求操作线方程

精馏段操作线方程为

$$y=\frac{L}{V}x+\frac{D}{V}x_D+\frac{59.06}{80.46}x+\frac{21.40}{80.46}\times0.966=0.734x+0.257$$

提馏段操作线方程为

$$y'=\frac{L'}{V'}x'-\frac{W}{V'}x_W=\frac{105.67}{80.46}x'-\frac{25.21}{80.46}\times0.012=1.313x'-0.004$$

e. 图解法求理论板层数

采用图解法求理论板层数，如图 5.2.1-15 所示。求解结果为：

总理论板层数　　　　　　$N_T=12.5$（包括再沸器）

进料板位置　　　　　　　$N_F=6$

② 实际板层数的求取

精馏段实际板层数　　　　$N_{精}=5/0.52=9.6\approx10$

提馏段实际板层数　　　　$N_{提}=7.5/0.52=14.42\approx15$

（4）精馏塔的工艺条件及有关物性数据的计算

以精馏段为例进行计算。

① 操作压力计算

塔顶操作压力　　　　　　$P_D=101.3+4=105.3\text{kPa}$

每层塔板压降　　　　　　$\Delta P=0.7\text{kPa}$

进料板压力　　　　　　　$P_F=105.3+0.7\times10=112.3\text{kPa}$

精馏段平均压力　　　　　$P_m=(105.3+112.3)/2=108.8\text{kPa}$

② 操作温度计算

依据操作压力，由泡点方程通过试差法计算出泡点温度，其中苯、甲苯的饱和蒸气压

由安托尼方程计算，计算过程略。计算结果如下：

塔顶温度　　　　　　　　　　$t_D=82.1℃$

进料板温度　　　　　　　　　$t_F=99.5℃$

精馏段平均温度　　　　$t_m=(82.1+99.5)/2=90.8℃$

③ 平均摩尔质量计算

塔顶平均摩尔质量计算

由 $x_D=y_1=0.966$，查平衡曲线图 5.2.1-15，得：

$$x_1=0.916$$

$$M_{VD_m}=0.966\times78.11+(1-0.966)92.13=78.59\text{kg/kmol}$$

$$M_{LD_m}=0.916\times78.11+(1-0.916)92.13=79.29\text{kg/kmol}$$

进料板平均摩尔质量计算

由图解理论板（见图 5.2.1-15），得 $y_F=0.604$

查平衡曲线（见图 5.2.1-15），得

$$x_F=0.388$$

$$M_{VF_m}=0.604\times78.11+(1-0.604)\times92.13=83.66\text{kg/kmol}$$

$$M_{LFm}=0.388\times78.11+(1-0.388)\times92.13=86.69\text{kg/kmol}$$

精馏段平均摩尔质量

$$M_{Vm}=(78.59+83.66)/2=81.13\text{kg/kmol}$$

$$M_{Lm}=(79.29+86.69)/2=82.99\text{kg/kmol}$$

④ 平均密度计算

a. 气相平均密度计算

由理想气体状态方程计算，即

$$\rho_{Vm}=\frac{P_m M_{Vm}}{RT_m}=\frac{108.8\times81.13}{8.314\times(90.8+273.15)}=2.92\text{kg/m}^3$$

b. 液相平均密度计算

液相平均密度依下式计算，即

$$1/\rho_{Lm}=\sum(a_i/\rho_i)$$

塔顶液相平均密度的计算

由 $t_D=82.1℃$，查手册得

$$\rho_A=812.7\text{kg/m}^3 \quad \rho_B=807.9\text{kg/m}^3$$

$$\rho_{LDm}=\frac{1}{(0.96/812.7+0.04/807.9)}=812.5\text{kg/m}^3$$

进料板液相平均密度的计算

由 $t_F=99.5℃$，查手册得

$$\rho_A=793.1\text{kg/m}^3 \quad \rho_B=790.8\text{kg/m}^3$$

进料板液相的质量分率

$$a_A = \frac{0.388 \times 78.11}{0.388 \times 78.11 + 0.612 \times 92.13} = 0.350$$

$$\rho_{LF_m} = \frac{1}{(0.35/793.1 + 0.65/790.8)} = 791.6 \text{kg/m}^3$$

精馏段液相平均密度为

$$\rho_{Lm} = (812.5 + 791.6)/2 = 802.1 \text{kg/m}^3$$

⑤ 液体平均表面张力的计算

液相平均表面张力依下式计算，即

$$\sigma_{Lm} = \sum x_i \sigma_i$$

a. 塔顶液相平均表面张力的计算

由 $t_D = 82.1$℃，查手册得

$$\sigma_A = 21.24 \text{mN/m} \quad \sigma_B = 21.42 \text{mN/m}$$

$$\sigma_{LDm} = 0.966 \times 21.24 + 0.034 \times 21.42 = 21.25 \text{mN/m}$$

b. 进料板液相平均表面张力的计算

由 $t_F = 99.5$℃，查手册得

$$\sigma_A = 18.90 \text{mN/m} \quad \sigma_B = 20.0 \text{mN/m}$$

$$\sigma_{LFm} = 0.388 \times 18.90 + 0.612 \times 20.0 = 19.57 \text{mN/m}$$

精馏段液相平均表面张力为

$$\sigma_{Lm} = (21.25 + 19.57)/2 = 20.41 \text{mN/m}$$

⑥ 液体平均黏度计算

液相平均黏度依下式计算，即

$$\lg \mu_{Lm} = \sum x_i \lg \mu_i$$

塔顶液相平均黏度的计算

由 $t_D = 82.1$℃，查手册得

$$\mu_A = 0.302 \text{mPa} \cdot \text{s} \quad \mu_B = 0.306 \text{mPa} \cdot \text{s}$$

$$\lg \mu_{LDm} = 0.966 \lg(0.302) + 0.034 \lg(0.306)$$

解出 $\mu_{LDm} = 0.302 \text{mPa} \cdot \text{s}$

进料板液相平均黏度的计算

由 $t_F = 99.5$℃，查手册得

$$\mu_A = 0.256 \text{mPa} \cdot \text{s} \quad \mu_B = 0.265 \text{mPa} \cdot \text{s}$$

$$\lg \mu_{LFm} = 0.388 \lg(0.256) + 0.612 \lg(0.265)$$

解出 $\mu_{LFm} = 0.261 \text{mPa} \cdot \text{s}$

精馏段液相平均表面张力为

$$\mu_{Lm} = (0.302 + 0.261)/2 = 0.282 \text{mPa} \cdot \text{s}$$

(5) 精馏塔的塔体工艺尺寸计算

① 塔径的计算

精馏塔的气、液相体积流量为

$$V_h = \frac{VM_{Vm}}{3600\rho_{Vm}} = \frac{80.46 \times 81.13}{3600 \times 2.92} = 0.621 \text{m}^3/\text{s}$$

$$L_h = \frac{LM_{Lm}}{3600\rho_{Lm}} = \frac{59.06 \times 82.99}{3600 \times 802.1} = 0.0017 \text{m}^3/\text{s}$$

由

$$u_{max} = C\sqrt{\frac{\rho_L - \rho_V}{\rho_V}}$$

式中 C 由式(5.2.1-5)计算，其中 C_{20} 由图 5.2.1-1 查取，图的横坐标为

$$\frac{L_h}{V_h}\left(\frac{\rho_L}{\rho_V}\right)^{1/2} = \frac{0.0017 \times 3600}{0.621 \times 3600}\left(\frac{802.1}{2.92}\right)^{1/2} = 0.0454$$

取板间距 $H_T = 0.40$m，板上液层高度 $h_L = 0.06$m，则

$$H_T - h_L = 0.40 - 0.06 = 0.34 \text{m}$$

查图 5.2.1-1 得 $C_{20} = 0.072$

$$C = C_{20}\left(\frac{\sigma_L}{20}\right)^{0.2} = 0.072\left(\frac{20.41}{20}\right)^{0.2} = 0.0723$$

$$u_{max} = 0.0723\sqrt{\frac{802.1 - 2.92}{2.92}} = 1.196 \text{m/s}$$

取安全系数为 0.7，则空塔气速为

$$u = 0.7u_{max} = 0.7 \times 1.196 = 0.837 \text{m/s}$$

$$D = \sqrt{\frac{4V_s}{\pi u}} = \sqrt{\frac{4 \times 0.621}{3.14 \times 0.837}} = 0.972 \text{m}$$

按标准塔径圆整后为 $D = 1.0$m

塔截面积为

$$A_T = \frac{\pi}{4}D^2 = \frac{\pi}{4} \times 1.0^2 = 0.785 \text{m}^2$$

实际空塔气速为

$$u = \frac{0.621}{0.785} = 0.791 \text{m/s}$$

② 精馏塔有效高度的计算

精馏段有效高度为

$$Z_{精} = (N_{精} - 1)H_T = (10 - 1) \times 0.4 = 3.6 \text{m}$$

提馏段有效高度为

$$Z_{提} = (N_{提} - 1)H_T = (15 - 1) \times 0.4 = 5.6 \text{m}$$

在进料板上方开一人孔，其高度为 0.8m

故精馏塔的有效高度为

$$Z = Z_{精} + Z_{提} + 0.8 = 3.6 + 5.6 + 0.8 = 10 \text{m}$$

(6) 塔板主要工艺尺寸的计算

① 溢流装置计算

因塔径 $D = 1.0$m，可选用单溢流弓形降液管，采用凹形受液盘。各项计算如下：

a. 堰长 l_w

取
$$l_w = 0.66D = 0.66 \times 1.0 = 0.66\text{m}$$

b. 溢流堰高度 h_w

由
$$h_w = h_L - h_{ow}$$

选用平直堰，堰上层液高度 h_{ow} 由式(5.2.1-7)计算，即
$$h_{ow} = \frac{2.84}{1000} E \left(\frac{L_h}{l_w}\right)^{2/3}$$

近似取 $E = 1$，则
$$h_{ow} = \frac{2.84}{1000} \times 1 \times \left(\frac{0.0017 \times 3600}{0.66}\right)^{2/3} = 0.013\text{m}$$

取板上清液层高度 $h_L = 60\text{mm}$

故
$$h_w = 0.06 - 0.013 = 0.047\text{m}$$

c. 弓形降液管宽度 W_d 和截面积 A_f

由
$$\frac{l_w}{D} = 0.66$$

查图 5.2.1-7，得
$$\frac{A_f}{A_T} = 0.0722 \quad \frac{W_d}{D} = 0.124$$

故
$$A_f = 0.0722 A_T = 0.0722 \times 0.785 = 0.0567\text{m}^2$$
$$W_d = 0.124D = 0.124 \times 1.0 = 0.124\text{m}$$

依式(5.2.1-9)验算液体在降液管中停留时间，即
$$\theta = \frac{3600 A_f H_T}{L_h} = \frac{3600 \times 0.0567 \times 0.40}{0.0017 \times 3600} = 13.34\text{s} > 5\text{s}$$

故降液管设计合理。

d. 降液管底隙高度 h_o

$$h_o = \frac{L_h}{3600 l_w u'_o}$$

取
$$u'_o = 0.08\text{m/s}$$

则
$$h_o = \frac{0.0017 \times 3600}{3600 \times 0.66 \times 0.08} = 0.032\text{m}$$

$$h_w - h_o = 0.047 - 0.032 = 0.015\text{m} > 0.006\text{m}$$

故降液管底隙高度设计合理。

选用凹形受液盘，深度 $h'_w = 50\text{mm}$。

② 塔板布置

a. 塔板的分块

因 $D \geqslant 800\text{mm}$，故塔板采用分块式。查表 5.2.1-3 得，塔板分为 3 块。

b. 边缘区宽度确定

取 $W_s = W'_s = 0.065\text{m}$，$W_c = 0.035\text{m}$。

c. 开孔区面积计算

开孔区面积 A_a 按式(5.2.1-12) 计算，即

$$A_a = 2\left(x\sqrt{r^2-x^2} + \frac{\pi r^2}{180}\sin^{-1}\frac{x}{r}\right)$$

其中
$$x = \frac{D}{2} - (W_d + W_s) = \frac{1.0}{2} - (0.124 + 0.065) = 0.311\text{m}$$

$$r = \frac{D}{2} - W_c = \frac{1.0}{2} - 0.035 = 0.465\text{m}$$

故
$$A_a = 2\left(0.311\sqrt{0.465^2 - 0.311^2} + \frac{\pi \times 0.465^2}{180}\sin^{-1}\frac{0.311}{0.465}\right) = 0.532\text{m}^2$$

d. 筛孔计算及其排列

本例所处理的物系无腐蚀性，可选用 $\delta = 3\text{mm}$ 碳钢板，取筛孔直径 $d_o = 5\text{mm}$。筛孔按正三角形排列，取孔中心距 t 为

$$t = 3d_o = 3 \times 5 = 15\text{mm}$$

筛孔数目 n 为

$$n = \frac{1.155 A_o}{t^2} = \frac{1.155 \times 0.532}{0.015^2} = 2731 \text{ 个}$$

开孔率为

$$\phi = 0.907\left(\frac{d_o}{t}\right)^2 = 0.907\left(\frac{0.005}{0.015}\right)^2 = 10.1\%$$

气体通过阀孔的气速为

$$u_o = \frac{V_s}{A_o} = \frac{0.621}{0.101 \times 0.532} = 11.56\text{m/s}$$

(7) 筛板的流体力学验算

① 塔板压降

a. 干板阻力 h_c 计算

干板阻力 h_c 由式(5.2.1-19) 计算，即

$$h_c = 0.051\left(\frac{u_o}{c_o}\right)^2\left(\frac{\rho_V}{\rho_L}\right)$$

由 $d_o/\delta = 5/3 = 1.67$，查图 5.2.1-11 得，$c_o = 0.772$

故
$$h_c = 0.051 \times \left(\frac{11.56}{0.772}\right)^2 \times \left(\frac{2.92}{802.1}\right) = 0.0416\text{m 液柱}$$

b. 气体通过液层的阻力 h_1 计算

气体通过液层的阻力 h_1 由式(5.2.1-20) 计算，即

$$h_1 = \beta h_L$$

$$u_a = \frac{V_s}{A_T - A_f} = \frac{0.621}{0.785 - 0.0567} = 0.853\text{m/s}$$

$$F_0 = 0.853 \times \sqrt{2.92} = 1.46 \text{kg}^{1/2}/(\text{s}\cdot\text{m}^{1/2})$$

查图 5.2.1-11，得 $\beta=0.61$。
故 $h_1=\beta h_L=\beta(h_w+h_{ow})=0.61(0.047+0.013)=0.0366$ m 液柱

c. 液体表面张力的阻力 h_σ 计算

液体表面张力所产生的阻力 h_σ 由式(5.2.1-23)计算，即

$$h_\sigma=\frac{4\sigma_L}{\rho_L g d_o}=\frac{4\times 20.41\times 10^{-3}}{802.1\times 9.81\times 0.005}=0.0021 \text{m 液柱}$$

气体通过每层塔板的液柱高度 h_p 可按式(5.2.1-17)计算，即

$$h_p=h_c+h_1+h_\sigma$$

$$h_p=0.0416+0.0366+0.0021=0.080 \text{m 液柱}$$

气体通过每层塔板的压降为

$$\Delta P_p=h_p\rho_L g=0.08\times 802.1\times 9.81=629\text{Pa}<0.7\text{kPa（设计允许值）}$$

② 液面落差

对于筛板塔，液面落差很小，且本例的塔径和液流量均不大，故可忽略液面落差的影响。

③ 液沫夹带

液沫夹带量由式(5.2.1-24)计算，即

$$e_V=\frac{5.7\times 10^{-6}}{\sigma_L}\left(\frac{u_a}{H_T-h_f}\right)^{3.2}$$

$$h_f=2.5h_L=2.5\times 0.06=0.15\text{m}$$

故 $e_V=\dfrac{5.7\times 10^{-6}}{20.41\times 10^{-3}}\left(\dfrac{0.853}{0.40-0.15}\right)^{3.2}=0.014$ kg 液/kg 气 <0.1 kg 液/kg 气

故在本设计中液沫夹带量 e_V 在允许范围内。

④ 漏液

对于筛板塔，漏液点气速 $u_{o,min}$ 可由式(5.2.1-25)计算，即

$$u_{o,min}=4.4C_0\sqrt{(0.0056+0.13h_L-h_\sigma)\rho_L/\rho_V}$$

$$=4.4\times 0.772\sqrt{(0.0056+0.13\times 0.06-0.0021)802.1/2.92}=5.985\text{m/s}$$

实际孔速 $u_o=11.56\text{m/s}>u_{o,min}$

稳定系数为

$$K=\frac{u_o}{u_{o,min}}=\frac{11.56}{5.985}=1.93>1.5$$

故在本设计中无明显漏液。

⑤ 液泛

为防止塔内发生液泛，降液管内液层高 H_d 应服从式(5.2.1-32)的关系，即

$$H_d\leqslant\varphi(H_T+h_w)$$

苯-甲苯物系属于一般物系，取 $\varphi=0.5$，则

$$\varphi(H_T+h_w)=0.5(0.40+0.047)=0.224\text{m}$$

而
$$H_d = h_p + h_L + h_d$$
板上不设进口堰，h_d 可由式（5.2.1-30）计算，即
$$h_d = 0.153(u'_o)^2 = 0.153(0.08)^2 = 0.001 \text{m 液柱}$$
$$H_d = 0.08 + 0.06 + 0.001 = 0.141 \text{m 液柱}$$
$$H_d \leqslant \varphi(H_T + h_w)$$
故在本设计中不会发生液泛现象。

（8）塔板负荷性能图

① 漏液线
$$u_{o,\min} = 4.4 C_0 \sqrt{(0.0056 + 0.13 h_L - h_\sigma)\rho_L/\rho_V}$$
$$u_{o,\min} = \frac{V_{s,\min}}{A_0}$$
由
$$h_L = h_w + h_{ow}$$
$$h_{ow} = \frac{2.84}{1000} E \left(\frac{L_h}{L_W}\right)^{2/3}$$
得
$$V_{h,\min} = 4.4 C_0 A_0 \sqrt{\left\{0.0056 + 0.13\left[h_w + \frac{2.84}{1000}E\left(\frac{L_h}{L_W}\right)^{2/3}\right] - h_\sigma\right\}\rho_L/\rho_V}$$
$$= 4.4 \times 0.772 \times 0.101 \times 0.532 \times$$
$$\sqrt{\left\{0.0056 + 0.13\left[0.047 + \frac{2.84}{1000} \times 1 \times \left(\frac{3600 L_s}{0.66}\right)^{2/3}\right] - 0.0021\right\}802.1/2.92}$$

整理得
$$V_{h,\min} = 3.025\sqrt{0.00961 + 0.114 L_s^{2/3}}$$

在操作范围内，任取几个 L_s 值，依上式计算出 V_s 值，计算结果列于表 5.2.1-4。

表 5.2.1-4 L_s、V_s 计算结果

$L_s/(\text{m}^3/\text{s})$	0.0006	0.0015	0.0030	0.0045
$V_s/(\text{m}^3/\text{s})$	0.309	0.319	0.331	0.341

由上表数据即可作出漏液线 1。

② 液沫夹带线

以 $e_V = 0.1$ kg 液/kg 气为限，求 V_s-L_s 关系如下：

由
$$e_V = \frac{5.7 \times 10^{-6}}{\sigma_L}\left(\frac{u_a}{H_T - h_f}\right)^{3.2}$$
$$u_a = \frac{V_h}{A_T - A_f} = \frac{V_h}{0.785 - 0.0567} = 1.373 V_s$$
$$h_f = 2.5 h_L = 2.5(h_w + h_{ow})$$
$$h_w = 0.047$$
$$h_{ow} = \frac{2.84}{1000} \times 1 \times \left(\frac{3600 L_h}{0.66}\right)^{2/3} = 0.88 L_s^{2/3}$$
故
$$h_f = 0.118 + 2.2 L_h^{2/3}$$

$$H_T - h_f = 0.282 - 2.2L_h^{2/3}$$

$$e_V = \frac{5.7 \times 10^{-6}}{20.41 \times 10^{-3}} \left[\frac{1.373V_s}{0.282 - 2.2L_h^{2/3}}\right]^{3.2} = 0.1$$

整理得
$$V_h = 1.29 - 10.07 L_h^{2/3}$$

在操作范围内，任取几个 L_s 值，依上式计算出 V_s 值，计算结果列于表 5.2.1-5。

表 5.2.1-5　L_s、V_s 计算结果

$L_h/(m^3/s)$	0.0006	0.0015	0.0030	0.0045
$V_h/(m^3/s)$	1.218	1.158	1.081	1.016

由上表数据即可作出液沫夹带线 2。

③ 液相负荷下限线

对于平直堰，取堰上液层高度 $h_{ow} = 0.006$m 作为最小液体负荷标准。由式(5.2.1-7) 得

$$h_{ow} = \frac{2.84}{1000} E \left(\frac{3600L}{l_w}\right)^{2/3} = 0.006$$

取 $E=1$，则

$$L_{h,\min} = \left(\frac{0.006 \times 1000}{2.84}\right)^{3/2} \frac{0.66}{3600} = 0.00056 \, \text{m}^3/\text{s}$$

据此可作出与气体流量无关的垂直液相负荷下限线 3。

④ 液相负荷上限线

以 $\theta = 4$s 作为液体在降液管中停留时间的下限，由式(5.2.1-9) 得

$$\theta = \frac{A_f H_T}{L_h} = 4$$

故

$$L_{h,\max} = \frac{A_f H_T}{4} = \frac{0.0567 \times 0.40}{4} = 0.00567 \, \text{m}^3/\text{s}$$

据此可作出与气体流量无关的垂直液相负荷上限线 4。

⑤ 液泛线

令
$$H_d = \varphi(H_T + h_W)$$

由
$$H_d = h_p + h_L + h_d; \quad h_p = h_c + h_l + h_\sigma; \quad h_l = \beta h_L; \quad h_L = h_w + h_{ow}$$

联立得
$$\varphi H_T + (\varphi - \beta - 1)h_w = (\beta + 1)h_{ow} + h_c + h_d + h_\sigma$$

忽略 h_σ，将 h_{ow} 与 L_s，h_d 与 L_s，h_c 与 V_s 的关系式代入上式，并整理得

$$a' V_s^2 = b' - c' L_s^2 - d' L_s^{2/3}$$

式中
$$a' = \frac{0.051}{(A_o c_o)} \left(\frac{\rho_V}{\rho_L}\right)$$

$$b' = \varphi H_T + (\varphi - \beta - 1)h_w$$

$$c' = 0.153/(l_w h_o)^2$$

$$d' = 2.84 \times 10^{-3} E(1+\beta) \left(\frac{3600}{l_w}\right)^{2/3}$$

将有关的数据代入，得

$$a' = \frac{0.051}{(0.101 \times 0.532 \times 0.772)^2} \times \left(\frac{2.92}{802.1}\right) = 0.108$$

$$b' = 0.5 \times 0.40 + (0.5 - 0.61 - 1) \times 0.047 = 0.148$$

$$c' = \frac{0.153}{(0.66 \times 0.032)^2} = 343.01$$

$$d' = 2.84 \times 10^{-3} \times 1 \times (1 + 0.61)\left(\frac{3600}{0.66}\right)^{2/3} = 1.421$$

故

$$0.108 V_s^2 = 0.148 - 343.01 L_s^2 - 1.421 L_s^{2/3}$$

或

$$V_h^2 = 1.37 - 3176 L_h^2 - 13.16 L_h^{2/3}$$

在操作范围内，任取几个 L_s 值，依上式计算出 V_s 值，计算结果列于表 5.2.1-6。

表 5.2.1-6　L_s、V_s 计算结果

$L_h/(m^3/s)$	0.0006	0.0015	0.0030	0.0045
$V_h/(m^3/s)$	1.275	1.190	1.068	0.948

由表 5.2.1-6 数据即可作出液泛线 5。

根据以上各线方程，可作出筛板塔的负荷性能图，如图 5.2.1-16 所示。

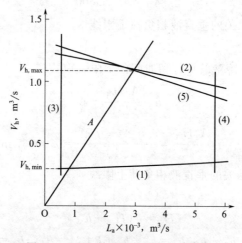

图 5.2.1-16　精馏段筛板负荷性能图

在负荷性能图上，作出操作点 A，连接 OA，即作出操作线。由图可以看出，该筛板的操作上限为液泛控制，下限为漏液控制。由图 5.2.1-16 查得

$$V_{h,\max} = 1.075\,m^3/s \quad V_{h,\min} = 0.317\,m^3/s$$

故操作弹性为

$$\frac{V_{h,\max}}{V_{h,\min}} = \frac{1.075}{0.317} = 3.391$$

所设计筛板的主要结果汇总于表 5.2.1-7。精馏筛板塔条件图举例见图 5.2.1-17。

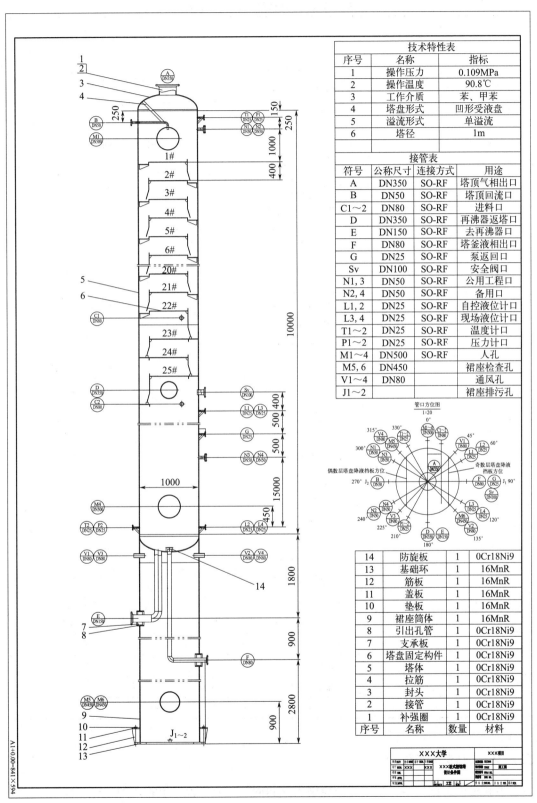

图 5.2.1-17 精馏筛板塔条件图举例

表 5.2.1-7 筛板塔设计计算结果

序号	项目	数值
1	平均温度 t_m/℃	90.8
2	平均压力 P_m/kPa	108.8
3	气相流量 V_s/(m³/s)	0.621
4	液相流量 L_s/(m³/s)	0.0017
5	实际塔板数	25
6	有效段高度 Z/m	10
7	塔径/m	1.0
8	板间距/m	0.4
9	溢流形式	单溢流
10	降液管形式	弓形
11	堰长/m	0.66
12	堰高/m	0.047
13	板上液层高度/m	0.06
14	堰上液层高度/m	0.013
15	降液管底隙高度/m	0.032
16	安定区宽度/m	0.065
17	边缘区宽度/m	0.035
18	开孔区面积/m²	0.532
19	筛孔直径/m	0.005
20	筛孔数目	2731
21	孔中心距/m	0.015
22	开孔率/%	10.1
23	空塔气速/(m/s)	0.791
24	筛孔气速/(m/s)	11.56
25	稳定系数	1.93
26	每层塔板压降/Pa	629
27	负荷上限	液泛控制
28	负荷下限	漏液控制
29	液沫夹带 e_V/(kg 液/kg 气)	0.014
30	气相负荷上限/(m³/s)	1.075
31	气相负荷下限/(m³/s)	0.317
32	操作弹性	3.391

5.2.2 填料塔的设计

填料塔的类型很多，其设计的原则大体相同，一般来说，填料塔的设计步骤如下：

① 根据设计任务和工艺要求，确定设计方案；
② 根据设计任务和工艺要求，合理地选择填料；
③ 确定塔径、填料层高度等工艺尺寸；
④ 计算填料层的压降；
⑤ 进行填料塔塔内件的设计与选型。

5.2.2.1 设计方案的确定

填料精馏塔设计方案的确定包括装置流程的确定、操作压力的确定、进料热状况的选择、加热方式的选择及回流比的选择等，其确定原则与板式精馏塔基本相同。

1. 填料吸收塔设计方案的确定

（1）装置流程的确定

吸收装置的流程主要有以下几种。

① 逆流操作

气相自塔底进入由塔顶排出，液相自塔顶进入由塔底排出，此即逆流操作。逆流操作的特点是，传质平均推动力大，传质速率快，分离效率高，吸收剂利用率高。工业生产中多采用逆流操作。

② 并流操作

气液两相均从塔顶流向塔底，此即并流操作。并流操作的特点是，系统不受液流限制，可提高操作气速，以提高生产能力。并流操作通常用于以下情况：当吸收过程的平衡曲线较平坦时，流向对推动力影响不大；易溶气体的吸收或处理的气体不需吸收很完全；吸收剂用量特别大，逆流操作易引起液泛。

③ 吸收剂部分再循环操作

在逆流操作系统中，用泵将吸收塔排出液体的一部分冷却后与补充的新鲜吸收剂一同送回塔内，即为部分再循环操作。通常用于以下情况：当吸收剂用量较小，为提高塔的液体喷淋密度；对于非等温吸收过程，为控制塔内的温升，需取出一部分热量。该流程特别适宜于相平衡常数 m 值很小的情况，通过吸收液的部分再循环，提高吸收剂的使用效率。应予指出，吸收剂部分再循环操作较逆流操作的平均推动力要低，且需设置循环泵，操作费用增加。

④ 多塔串联操作

若设计的填料层高度过大，或需经常清理填料，为便于维修，可把填料层分装在几个串联的塔内，每个吸收塔通过的吸收剂和气体量都相等，即为多塔串联操作。此种操作因塔内需留较大空间，输送液体液、喷淋、支承板等辅助装置增加，设备投资加大。

⑤ 串联-并联混合操作。

若吸收过程处理的液量很大，如果用通常的流程，则液体在塔内的喷淋密度过大，操作气速势必很小（否则易引起塔的液泛），塔的生产能力很低。实际生产中可采用气相作串联、液相作并联的混合流程；若吸收过程处理的液量不大而气相流量很大时，可采用液相作串联、气相作并联的混合流程。

总之,在实际应用中,应根据生产任务、工艺特点,结合各种流程的优缺点选择适宜的流程布置。

(2) 吸收剂的选择

吸收过程是依靠气体溶质在吸收剂中的溶解来实现的,因此,吸收剂性能的优劣,是决定吸收操作效果的关键之一,选择吸收剂时应着重考虑以下几方面:

① 溶解度

吸收剂对溶质组分的溶解度要大,以提高吸收速率并减少吸收剂的需用量。

② 选择性

吸收剂对溶质组分要有良好的吸收能力,而对混合气体中的其他组分不吸收或吸收甚微,否则不能直接实现有效的分离。

③ 挥发度要低

操作温度下吸收剂的蒸气压要低,以减少吸收和再生过程中吸收剂的挥发损失。

④ 黏度

吸收剂在操作温度下的黏度越低,其在塔内的流动性越好,有助于传质速率和传热速率的提高。

⑤ 其他

所选用的吸收剂应尽可能满足无毒性、无腐蚀性、不易燃易爆、不发泡、冰点低、价廉易得以及化学性质稳定等要求。

一般说来,任何一种吸收剂都难以满足以上所有要求,选用时应针对具体情况和主要矛盾,既考虑工艺要求又兼顾到经济合理性。工业上常用的吸收剂列于表 5.2.2-1。

表 5.2.2-1 工业常用吸收剂

溶质	吸收剂
氨	水、硫酸
丙酮蒸气	水
氯化氢	水
二氧化碳	水、碱液、碳酸丙烯酯
二氧化硫	水
硫化氢	碱液、含砷碱液、有机溶剂
苯蒸气	煤油、洗油
丁二烯	乙醇、乙腈
二氯乙烯	煤油
一氧化碳	铜氨液

(3) 操作温度与压力的确定

① 操作温度的确定

由吸收过程的气液平衡关系可知,温度降低可增加溶质组分的溶解度,即低温有利于吸收,但操作温度的低限应由吸收系统的具体情况决定。例如水吸收 CO_2 的操作中用水量极大,吸收温度主要由水温决定,而水温又取决于大气温度,故应考虑夏季循环水温高时补充一定量地下水以维持适宜温度。

② 操作压力的确定

由吸收过程的气液平衡关系可知，压力升高可增加溶质组分的溶解度，即加压有利于吸收。但随着操作压力的升高，对设备的加工制造要求提高，且能耗增加，因此需结合具体工艺条件综合考虑，以确定操作压力。

2. 填料的类型与选择

塔填料（简称为填料）是填料塔中气液接触的基本构件，其性能是决定填料塔操作性能的主要因素，因此，塔填料的选择是填料塔设计的重要环节。

(1) 填料的类型

填料的种类很多，根据装填方式的不同，可分为散装填料和规整填料两大类。

① 散装填料

散装填料是一个个具有一定几何形状和尺寸的颗粒体，一般以随机的方式堆积在塔内，又称为乱堆填料或颗粒填料。散装填料根据结构特点不同，又可分为环形填料、鞍形填料、环鞍形填料及球形填料等。现介绍几种较典型的散装填料。

a. 拉西环填料

拉西环填料是最早提出的工业填料，其结构为外径与高度相等的圆环，可用陶瓷、塑料、金属等材质制造。拉西环填料的气液分布较差，传质效率低，阻力大，通量小，目前工业上已很少应用。

b. 鲍尔环填料

鲍尔环是在拉西环的基础上改进而得的，其结构为在拉西环的侧壁上开出两排长方形的窗孔，被切开的环壁的一侧仍与壁面相连，另一侧向环内弯曲，形成内伸的舌叶，诸舌叶的侧边在环中心相搭，可用陶瓷、塑料、金属等材质制造。鲍尔环由于环壁开孔，大大提高了环内空间及环内表面的利用率，气流阻力小，液体分布均匀。与拉西环相比，其通量可增加50%以上，传质效率提高30%左右。鲍尔环是目前应用较广的填料之一。

c. 阶梯环填料

阶梯环是对鲍尔环的改进。与鲍尔环相比，阶梯环高度减少了一半，并在一端增加了一个锥形翻边。由于高径比减少，气体绕填料外壁的平均路径大为缩短，减少了气体通过填料层的阻力。锥形翻边不仅增加了填料的机械强度，而且使填料之间由线接触为主变成以点接触为主，这样不但增加了填料间的空隙，同时成为液体沿填料表面流动的汇集分散点，可以促进液膜的表面更新，有利于传质效率的提高。阶梯环的综合性能优于鲍尔环，成为目前所使用的环形填料中最为优良的一种。

d. 弧鞍填料

弧鞍填料属鞍形填料的一种，其形状如同马鞍，一般采用瓷质材料制成。弧鞍填料的特点是表面全部敞开，不分内外，液体在表面两侧均匀流动，表面利用率高，流道呈弧形，流动阻力小。其缺点是易发生套叠，致使一部分填料表面被重合，传质效率降低。弧鞍填料强度较差，容易破碎，工业生产中应用不多。

e. 矩鞍填料

将弧鞍填料两端的弧形面改为矩形面,且两面大小不等,即成为矩鞍填料。矩鞍填料堆积时不会套叠,液体分布较均匀。矩鞍填料一般采用瓷质材料制成,其性能优于拉西环。目前,国内绝大多数应用瓷拉西环的场合,均已被瓷矩鞍填料所取代。

f. 环矩鞍填料

环矩鞍填料是兼顾环形和鞍形结构特点而设计出的一种新型填料,该填料一般以金属材质制成,故又称为金属环矩鞍填料。环矩鞍填料将环形填料和鞍形填料两者的优点集于一体,其综合性能优于鲍尔环和阶梯环,是工业应用最为普遍的一种金属散装填料。

工业上常用散装填料的特性参数列于附录 2 中,可供设计时参考。

② 规整填料

规整填料是按一定的几何图形排列、整齐堆砌的填料。规整填料种类很多,根据其几何结构可分为格栅填料、波纹填料、脉冲填料等,工业上应用的规整填料绝大部分为波纹填料。波纹填料按结构分为网波纹填料和板波纹填料两大类,可用陶瓷、塑料、金属等材质制造。加工中,波纹与塔轴的倾角有 30°和 45°两种,倾角为 30°以代号 BX(或 X)表示,倾角为 45°以代号 CY(或 Y)表示。

金属丝网波纹填料是网波纹填料的主要形式,是由金属丝网制成的。其特点是压降低、分离效率高,特别适用于精密精馏及真空精馏装置,为难分离物系、热敏性物系的精馏提供了有效的手段。尽管其造价高,但因性能优良仍得到了广泛的应用。

金属板波纹填料是板波纹填料的主要形式。该填料的波纹板片上冲压有许多 $\phi 4 \sim 6$mm 的小孔,可起到粗分配板片上的液体、加强横向混合的作用。波纹板片上轧成细小沟纹,可起到细分配板片上的液体、增强表面润湿性能的作用。金属孔板波纹填料强度高,耐腐蚀性强,特别适用于大直径塔及气液负荷较大的场合。

波纹填料的优点是结构紧凑,阻力小,传质效率高,处理能力大,比表面积大。其缺点是不适于处理黏度大、易聚合或有悬浮物的物料,且装卸、清理困难,造价高。

工业上常用规整填料的特性参数列于附录 3 中,可供设计时参考。

(2) 填料的选择

填料的选择包括确定填料的种类、规格及材质等。所选填料既要满足生产工艺的要求,又要使设备投资和操作费用较低。

① 填料种类的选择

填料种类的选择要考虑分离工艺的要求,通常考虑以下几个方面。

a. 传质效率

传质效率即分离效率,它有两种表示方法:一是以理论级进行计算的表示方法,以每个理论级当量的填料层高度表示,即 $HETP$ 值;另一是以传质速率进行计算的表示方法,以每个传质单元相当的填料层高度表示,即 HTU 值。在满足工艺要求的前提下,应选用传质效率高,即 $HETP$(或 HTU)值低的填料。对于常用的工业填料,其 $HETP$(或 HTU)值可由有关手册或文献中查到,也可通过一些经验公式来估算。

b. 通量

在相同的液体负荷下,填料的泛点气速愈高或气相动能因子愈大,则通量愈大,塔的处理能力亦愈大。因此，在选择填料种类时，在保证具有较高传质效率的前提下，应选择具有较高泛点气速或气相动能因子的填料。对于大多数常用填料，其泛点气速或气相动能因子可由有关手册或文献中查到，也可通过一些经验公式来估算。

c. 填料层的压降

填料层的压降是填料的主要应用性能，填料层的压降愈低，动力消耗愈低，操作费用愈小。选择低压降的填料对热敏性物系的分离尤为重要，比较填料的压降有两种方法，一是比较填料层单位高度的压降 $\Delta P/Z$；另一是比较填料层单位传质效率的比压降 $\Delta P/N_T$。填料层的压降可用经验公式计算，亦可从有关图表中查出。

d. 填料的操作性能

填料的操作性能主要指操作弹性、抗污堵性及抗热敏性等。所选填料应具有较大的操作弹性，以保证塔内气液负荷发生波动时维持操作稳定。同时，还应具有一定的抗污堵、抗热敏能力，以适应物料的变化及塔内温度的变化。

此外，所选的填料要便于安装、拆卸和检修。

② 填料规格的选择

通常，散装填料与规整填料的规格表示方法不同，选择的方法亦不尽相同，现分别加以介绍。

a. 散装填料规格的选择

散装填料的规格通常是指填料的公称直径。工业塔常用的散装填料主要有 $DN16$、$DN25$、$DN38$、$DN50$、$DN76$ 等几种规格。同类填料，尺寸越小，分离效率越高，但阻力增加，通量减小，填料费用也增加很多。而大尺寸的填料应用于小直径塔中，又会产生液体分布不良及严重的壁流，使塔的分离效率降低。因此，塔径与填料尺寸的比值有一定规定，常用填料的塔径与填料公称直径比值 D/d 的推荐值列于表 5.2.2-2。

表 5.2.2-2 塔径与填料公称直径的比值 D/d 的推荐值

填料种类	D/d 的推荐值
拉西环	$D/d \geqslant 20 \sim 30$
鞍环	$D/d \geqslant 15$
鲍尔环	$D/d \geqslant 10 \sim 15$
阶梯环	$D/d > 8$
环矩鞍	$D/d > 8$

b. 规整填料规格的选择

工业上常用规整填料的型号和规格的表示方法很多，国内习惯用比表面积（单位为 m^2/m^3）表示，主要有 125、150、250、350、500、700 等几种规格，同种类型的规整填料，其比表面积越大，传质效率越高，但阻力增加，通量减小，填料费用也明显增加。选用时应从分离要求、通量要求、场地条件、物料性质及设备投资、操作费用等方面综合考虑，使所选填料既能满足工艺要求，又具有经济合理性。

应予指出，一座填料塔可以选用同种类型、同一规格的填料，也可选用同种类型、不同规格的填料；可以选用同种类型的填料，也可以选用不同类型的填料；有的塔段可选用规整填料，而有的塔段可选用散装填料。设计时应灵活掌握，根据技术经济统一的原则来选择填料的规格。

③ 填料材质的选择

工业上，填料的材质分为陶瓷、金属和塑料三大类。

a. 陶瓷填料

陶瓷填料具有良好的耐腐蚀性及耐热性，一般能耐除氢氟酸以外的常见的各种无机酸、有机酸的腐蚀。对强碱介质，可以选用耐碱配方制造的耐碱陶瓷填料。

陶瓷填料因其质脆、易碎，不宜在高冲击强度下使用。陶瓷填料价格便宜，具有很好的表面润湿性能，工业上，主要用于气体吸收、气体洗涤、液体萃取等过程。

b. 金属填料

金属填料可用多种材质制成，金属材质的选择主要根据物系的腐蚀性和金属材质的耐腐蚀性来综合考虑。碳钢填料造价低，且具有良好的表面润湿性能，对于无腐蚀或低腐蚀性物系应优先考虑使用；不锈钢填料耐腐蚀性强，一般能耐除 Cl^- 以外常见物系的腐蚀，但其造价较高；钛材、特种合金钢等材质制成的填料造价极高，一般只在某些腐蚀性极强的物系下使用。

金属填料可制成薄壁结构（0.2～1.0mm），与同种类型、同种规格的陶瓷、塑料填料相比，它的通量大、气体阻力小，且具有很高的抗冲击性能，能在高温、高压、高冲击强度下使用，工业应用主要以金属填料为主。

c. 塑料填料

塑料填料的材质主要包括聚丙烯（PP）、聚乙烯（PE）及聚氯乙烯（PVC）等，国内多采用聚丙烯材质。塑料填料的耐腐蚀性能较好，可耐一般的无机酸、碱和有机溶剂的腐蚀。其耐温性良好，可长期在100℃以下使用。聚丙烯填料在低温（低于0℃）时具有冷脆性，在低于0℃的条件下使用要慎重，可选用耐低温性能好的聚氯乙烯填料。

塑料填料具有质轻、价廉、耐冲击、不易破碎等优点，多用于吸收、解吸、萃取、除尘等装置中。塑料填料的缺点是表面润湿性能差，在某些特殊应用场合，需要对其表面进行处理，以提高表面润湿性能。

5.2.2.2 填料塔工艺尺寸的计算

填料塔工艺尺寸的计算包括塔径的计算、填料层高度的计算及分段等。

1. 塔径的计算

填料塔直径采用式(5.2.2-1)计算，即

$$D=\sqrt{\frac{4V_s}{\pi u}} \tag{5.2.2-1}$$

式中，气体体积流量V_s由设计任务给定。由上式可见，计算塔径的核心问题是确定空塔气速u。

(1) 空塔气速的确定

① 泛点气速法

泛点气速是填料塔操作气速的上限，填料塔的操作空塔气速必须小于泛点气速，操作空塔气速与泛点气速之比称为泛点率。

对于散装填料，其泛点率的经验值为

$$u/u_F = 0.5 \sim 0.85$$

对于规整填料，其泛点率的经验值为

$$u/u_F = 0.6 \sim 0.95$$

泛点率的选择主要考虑填料塔的操作压力和物系的发泡程度两方面的因素。设计中，对于加压操作的塔，应取较高的泛点率；对于减压操作的塔，应取较低的泛点率；对易起泡沫的物系，泛点率应取低限值；而无泡沫的物系，可取较高的泛点率。

泛点气速可用经验方程式计算，亦可用关联图求取。

a. 贝恩（Bain）-霍根（Hougen）关联式

填料的泛点气速可由贝恩-霍根关联式计算，即

$$\lg\left[\frac{u_F^2}{g}\left(\frac{a_t}{\varepsilon^3}\right)\left(\frac{\rho_V}{\rho_L}\right)\mu_L^{0.2}\right] = A - K\left(\frac{W_L}{W_V}\right)^{1/4}\left(\frac{\rho_V}{\rho_L}\right)^{1/8} \quad (5.2.2-2)$$

式中，u_F 为泛点气速，m/s；g 为重力加速度，9.81m/s²；a_t 为填料总比表面积，m²/m²；ε 为填料层空隙率，m³/m³；ρ_V、ρ_L 分别为气相、液相密度，kg/m³；μ_L 为液体黏度，mPa·s；W_L、W_V 为液相、气相的质量流量，kg/h；A、K 为关联常数。

常数 A 和 K 与填料的形状及材质有关，不同类型填料的 A、K 值列于表 5.2.2-3 中。由式(5.2.2-2)计算泛点气速，误差在 15% 以内。

表 5.2.2-3　式(5.2.2-2) 中的 A、K 值

散装填料类型	A	K	规整填料类型	A	K
塑料鲍尔环	0.0942	1.75	金属丝网波纹填料	0.30	1.75
金属鲍尔环	0.1	1.75	塑料丝网波纹填料	0.4201	1.75
塑料阶梯环	0.204	1.75	金属网孔波纹填料	0.155	1.47
金属阶梯环	0.106	1.75	金属孔板波纹填料	0.291	1.75
瓷矩鞍	0.176	1.75	塑料孔板波纹填料	0.291	1.563
金属环矩鞍	0.06225	1.75			

b. 埃克特（Eckert）通用关联图

散装填料的泛点气速可用埃克特关联图计算，如图 5.2.2-1 所示。计算时，先由气液相负荷及有关物性数据求出横坐标 $\dfrac{W_L}{W_V}\left(\dfrac{\rho_V}{\rho_L}\right)^{0.5}$ 的值，然后作垂线与相应的泛点线相交，再通过交点作水平线与纵坐标相交，求出纵坐标 $\dfrac{u^2\Phi\Psi}{g}\left(\dfrac{\rho_V}{\rho_L}\right)\mu_L^{0.2}$ 值。此时所对应的 u 即

为泛点气速 u_F。

式中，u 为空塔气速，m/s；g 为重力加速度，9.81m/s^2；Φ 为填料因子，1/m；Ψ 为液体密度校正系数，$\Psi = \rho_水/\rho_L$；ρ_L、ρ_V 为液体、气体的密度，kg/m^3；μ_L 为液体黏度，mPa·s；W_L、W_V 为液体、气体的质量流量，kg/s。

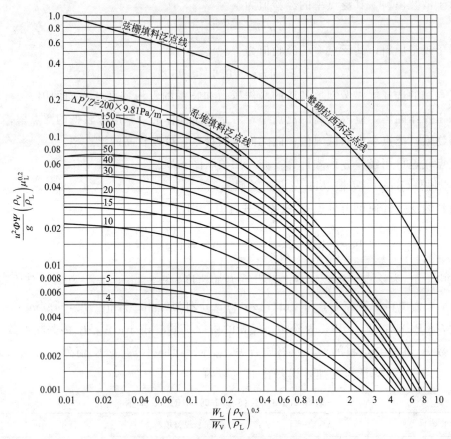

图 5.2.2-1 埃克特通用关联图

应予指出，用埃克特通用关联图计算泛点气速时，所需的填料因子 Φ 为液泛时的湿填料因子，称为泛点填料因子，以 Φ_F 表示。泛点填料因子与液体喷淋密度有关，为了工程计算的方便，常采用与液体喷淋密度无关的泛点填料因子平均值。表 5.2.2-4 列出了部分散装填料的泛点填料因子平均值，可供设计中参考。

表 5.2.2-4 散装填料泛点填料因子平均值

填料类型	泛点填料因子，Φ_F				
	DN16	DN25	DN38	DN50	DN76
金属鲍尔环	410	—	117	160	—
金属环矩鞍	—	170	150	135	120
金属阶梯环	—	—	160	140	—
塑料鲍尔环	550	280	184	140	92
塑料阶梯环	—	260	170	127	—

续表

填料类型	泛点填料因子,Φ_F				
	$DN16$	$DN25$	$DN38$	$DN50$	$DN76$
瓷矩鞍	1100	550	200	226	—
瓷拉西环	1300	832	600	410	—

② 气相动能因子（F 因子）法

气相动能因子简称 F 因子，其定义为

$$F = u\sqrt{\rho_V} \tag{5.2.2-3}$$

气相动能因子法多用于规整填料空塔气速的确定。计算时，先从手册或图表中查出填料在操作条件下的 F 因子，然后依据式(5.2.2-3)即可计算出操作空塔气速 u。常见规整填料的适宜操作气相动能因子可从有关图表中查得。

应予指出，采用气相动能因子法计算适宜的空塔气速，一般用于低压操作（压力低于 0.2MPa）的场合。

③ 气相负荷因子法

气相负荷因子简称 C_s 因子，其定义为

$$C_s = u\sqrt{\frac{\rho_V}{\rho_L - \rho_V}} \tag{5.2.2-4}$$

气相负荷因子法多用于规整填料空塔气速的确定。计算时，先求出最大气相负荷因子 $C_{s,\max}$，然后依据以下关系

$$C_s = 0.8 C_{s,\max} \tag{5.2.2-5}$$

计算出 C_s，再依据式(5.2.2-4)求出操作空塔气速 u。

常用规整填料的 $C_{s,\max}$ 的计算见有关填料手册，亦可从图 5.2.2-2 所示的 $C_{s,\max}$-ψ 曲线图查得。图中的横坐标 Ψ 称为流动参数，其定义为

$$\Psi = \frac{W_L}{W_V}\left(\frac{\rho_V}{\rho_L}\right)^{0.5} \tag{5.2.2-6}$$

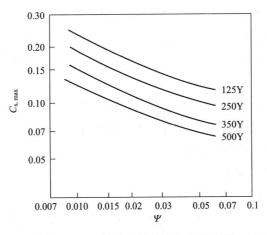

图 5.2.2-2 波纹填料的最大负荷因子

图 5.2.2-2 曲线适用于波纹填料。若以 250Y 型板波纹填料为基准，对于其他类型的板波纹填料，需要乘以修正系数 C，其值参见表 5.2.2-5。

表 5.2.2-5　其他类型的波纹填料的最大负荷修正系数

填料类别	型号	修正系数
板波纹填料	250Y	1.0
丝网波纹填料	BX	1.0
丝网波纹填料	CY	0.65
陶瓷波纹填料	BX	0.8

（2）塔径的计算与圆整

根据上述方法得出空塔气速 u 后，即可由式(5.2.2-1)计算出塔径 D。应予指出，由式(5.2.2-1)计算出塔径 D 后，还应按塔径系列标准进行圆整。常用的标准塔径（mm）为：400、500、600、700、800、1000、1200、1400、1600、2000、2200 等。圆整后，再核算操作空塔气速 u 与泛点率。

（3）液体喷淋密度的验算

填料塔的液体喷淋密度是指单位时间、单位塔截面上液体的喷淋量，其计算式为：

$$U=\frac{L_h}{0.785D^2} \tag{5.2.2-7}$$

式中，U 为液体喷淋密度，$m^3/(m^2 \cdot h)$；L_h 为液体喷淋量，m^3/h；D 为填料塔直径，m。

为使填料能获得良好的润湿，塔内液体喷淋量应不低于某一极限值，此极限值称为最小喷淋密度，以 U_{min} 表示。

对于散装填料，其最小喷淋密度通常采用下式计算，即

$$U_{min}=(L_W)_{min}a_t \tag{5.2.2-8}$$

式中，U_{min} 为最小喷淋密度，$m^3/(m^2 \cdot h)$；$(L_W)_{min}$ 为最小润湿速率，$m^3/(m \cdot h)$；a_t 为填料的总比表面积，m^2/m^3。

最小润湿速率是指在塔的截面上，单位长度的填料周边的最小液体体积流量。其值可由经验公式计算（见有关填料手册），也可采用一些经验值。对于直径不超过 75mm 的散装填料，可取最小润湿速率 $(L_W)_{min}$ 为 $0.08m^3/(m \cdot h)$；对于直径大于 75mm 的散装填料，取 $(L_W)_{min}=0.12m^3/(m \cdot h)$。

对于规整填料，其最小喷淋密度可从有关填料手册中查得，设计中，通常取 $U_{min}=0.2$。实际操作时采用的液体喷淋密度应大于最小喷淋密度。若液体喷淋密度小于最小喷淋密度，则需进行调整，重新计算塔径。

2. 填料层高度计算及分段

（1）填料层高度计算

填料层高度的计算分为传质单元数法和等板高度法。在工程设计中，对于吸收、解吸及萃取等过程中的填料塔的设计，多采用传质单元数法；而对于精馏过程中的填料塔的设

计，则习惯用等板高度法。

① 传质单元数法

采用传质单元数法计算填料层高度的基本公式为

$$Z = H_{OG} N_{OG} \tag{5.2.2-9}$$

a. 传质单元数的计算

传质单元数的计算方法在《化工原理》教材的吸收一章中已详尽介绍，此处不再赘述。

b. 传质单元高度的计算

传质过程的影响因素十分复杂，对于不同的物系、不同的填料以及不同的流动状况与操作条件，传质单元高度各不相同，迄今为止，尚无通用的计算方法和计算公式。目前，在进行设计时多选用一些准数关联式或经验公式进行计算，其中应用较为普遍的是修正后的恩田（Onde）公式。

修正后的恩田公式为

$$k_G = 0.237 \left(\frac{U_V}{a_t \mu_V}\right)^{0.7} \left(\frac{\mu_V}{\rho_V D_V}\right)^{1/3} \left(\frac{a_t D_V}{RT}\right)^{1/3} \tag{5.2.2-10}$$

$$k_L = 0.0095 \left(\frac{U_L}{a_w k_L}\right)^{2/3} \left(\frac{\mu_L}{\rho_L D_L}\right)^{-1/2} \left(\frac{\mu_L g}{\rho_L}\right)^{1/3} \tag{5.2.2-11}$$

$$k_G a = k_G a_w \psi^{1.1} \tag{5.2.2-12}$$

$$k_L a = k_L a_w \psi^{0.4} \tag{5.2.2-13}$$

$$\frac{a_w}{a_t} = 1 - \exp\left[-1.45 \left(\frac{\sigma_c}{\sigma_L}\right)^{0.75} \left(\frac{U_L}{a_L \mu_L}\right)^{0.1} \left(\frac{U_L^2 a_t}{\rho_L^2 g}\right)^{-0.05} \left(\frac{U_L^2}{\rho_L \sigma_L a_t}\right)^{0.2}\right] \tag{5.2.2-14}$$

式中，U_V、U_L 为气体、液体的质量通量，$kg/(m^2 \cdot h)$；μ_V、μ_L 为气体、液体的黏度，$kg/(m \cdot h)$ [$1Pa \cdot s = 3600 kg/(m \cdot h)$]；$\rho_V$、$\rho_L$ 为气体、液体的密度，kg/m^3；D_V、D_L 为溶质在气体、液体中的扩散系数，m^2/s；R 为通用气体常数，$8.314(m^3 \cdot kPa)/(kmol \cdot K)$；$T$ 为系统温度，K；a_t 为填料的总比表面积，m^2/m^3；a_w 为填料的润湿比表面积，m^2/m^3；g 为重力加速度，$9.81 m/s^2$；σ_L 为液体的表面张力，kg/h^2（$1dyn/cm = 12960 kg/h^2$）；σ_c 为填料材质的临界表面张力，kg/h^2；ψ 为填料形状系数。

常见材质的临界表面张力值见表 5.2.2-6，常见填料的形状系数见表 5.2.2-7。

表 5.2.2-6 常见材质的临界表面张力值

材质	碳	瓷	玻璃	聚丙烯	聚氯乙烯	钢	石蜡
表面张力/(dyn/cm)	56	61	73	33	40	75	20

表 5.2.2-7 常见填料的形状系数

填料类型	球形	棒形	拉西环	弧鞍	开孔环
ψ 值	0.72	0.75	1	1.19	1.45

由修正的恩田公式计算出 $k_G a$ 和 $k_L a$ 后，可按下式计算气相总传质单元高度 H_{OG}：

$$H_{OG} = \frac{V}{K_Y a \Omega} = \frac{V}{K_G a P \Omega} \qquad (5.2.2\text{-}15)$$

其中：
$$K_G a = \frac{1}{1/k_G a + 1/H k_L a} \qquad (5.2.2\text{-}16)$$

式中，H 为溶解度系数，$kmol/(m^3 \cdot kPa)$；Ω 为塔截面积，m^2。

应予指出，修正的恩田公式只适用于 $u \leqslant 0.5 u_F$ 的情况，当 $u > 0.5 u_F$ 时，需要按下式进行校正，即

$$k'_G a = \left[1 + 9.5 \left(\frac{u}{u_F} - 0.5\right)^{1.4}\right] k_G a \qquad (5.2.2\text{-}17)$$

$$k'_L a = \left[1 + 2.6 \left(\frac{u}{u_F} - 0.5\right)^{2.2}\right] k_L a \qquad (5.2.2\text{-}18)$$

② 等板高度的计算

等板高度与许多因素有关，不仅取决于填料的类型和尺寸，而且受系统物性、操作条件及设备尺寸的影响。目前尚无准确可靠的方法计算填料的 $HETP$ 值。一般的方法是通过实验测定，或从工业应用的实际经验中选取 $HETP$ 值，某些填料在一定条件下的 $HETP$ 值可从有关填料手册中查得。近年来研究者通过大量数据回归得到了常压蒸馏时的 $HETP$ 关联式如下：

$$\ln(HETP) = h - 1.292 \ln \sigma_L + 1.47 \ln \mu_L \qquad (5.2.2\text{-}19)$$

式中，$HETP$ 为等板高度，mm；σ_L 为液体表面张力，N/m；μ_L 为液体黏度，$Pa \cdot s$；h 为常数，其值见表 5.2.2-8。

表 5.2.2-8 $HETP$ 关联式中的常数值

填料类型	h 值	填料类型	h 值
DN25 金属环矩鞍填料	6.8505	DN50 金属鲍尔环	7.3781
DN40 金属环矩鞍填料	7.0382	DN25 瓷环矩鞍填料	6.8505
DN50 金属环矩鞍填料	7.2883	DN38 瓷环矩鞍填料	7.1079
DN25 金属鲍尔环	6.8505	DN50 瓷环矩鞍填料	7.4430
DN38 金属鲍尔环	7.0779		

式(5.2.2-19)考虑了液体黏度及表面张力的影响，其适用范围如下：

$10^{-3} N/m < \sigma_L < 36 \times 10^{-3} N/m$；$0.08 \times 10^{-3} Pa \cdot s < \mu_L < 0.83 \times 10^{-3} Pa \cdot s$

应予指出，采用上述方法计算出填料层高度后，还应留出一定的安全系数。根据设计经验，填料层的设计高度一般为

$$Z' = (1.2 \sim 1.5) Z \qquad (5.2.2\text{-}20)$$

式中，Z' 为设计时的填料高度，m；Z 为工艺计算得到的填料层高度，m。

(2) 填料层的分段

液体沿填料层流下时，有逐渐向塔壁方向集中的趋势，形成壁流效应。壁流效应造成填料层气液分布不均匀，使传质效率降低。因此，设计中，每隔一定的填料层高度，需要

设置液体收集再分布装置，即将填料层分段。

① 散装填料的分段

对于散装填料，一般推荐的分段高度值见表5.2.2-9，表中h/D为分段高度与塔径之比，$h_{\max}$为允许的最大填料层高度。

表 5.2.2-9　散装填料分段高度推荐值

填料类型	h/D	$h_{\max}$
拉西环	2.5	≤4m
矩鞍	5～8	≤6m
鲍尔环	5～10	≤6m
阶梯环	8～15	≤6m
环矩鞍	8～15	≤6m

② 规整填料的分段　对于规整填料，填料层分段高度可按式(5.2.2-21)确定：

$$h = (15\sim 20)HETP \tag{5.2.2-21}$$

式中，h为规整填料分段高度，m；$HETP$为规整填料的等板高度，m。

亦可按表5.2.2-10推荐的分段高度值确定。

表 5.2.2-10　规整填料分段高度推荐值

填料类型	分段高度
250Y板波纹填料	6.0m
500Y板波纹填料	5.0m
500(BX)丝网波纹填料	3.0m
700(CY)丝网波纹填料	1.5m

5.2.2.3　填料层压降的计算

填料层压降通常用单位高度填料层的压降 $\Delta P/Z$ 表示。设计时，根据有关参数，由通用关联图（或压降曲线）先求得每米填料层的压降值，然后再乘以填料层高度，即得出填料层的压力降。

1. 散装填料的压降计算

（1）由埃克特通用关联图计算

散装填料的压降值可由埃克特（Eckert）通用关联图计算。计算时，先根据气液负荷及有关物性数据，求出横坐标值$\dfrac{W_L}{W_V}\left(\dfrac{\rho_V}{\rho_L}\right)^{\frac{1}{2}}$，再根据操作空塔气速$u$及有关物性数据，求出纵坐标$\dfrac{u^2 \Phi \psi}{g}\left(\dfrac{\rho_V}{\rho_L}\right)\mu_L^{0.2}$值。通过作图得出交点，读出过交点的等压线数值，即得出每米填料层压降值。

应予指出，用埃克特通用关联图计算压降时，所需的填料因子为操作状态下的湿填料因子，称为压降填料因子，以 Φ_p 表示。压降填料因子 Φ_p 与液体喷淋密度有关，为了工程计算的方便,常采用与液体喷淋密度无关的压降填料因子平均值。表 5.2.2-11 列出了部分散装填料的压降填料因子平均值,可供设计中参考。

表 5.2.2-11 散装填料压降填料因子平均值

填料类型	压降填料因子,Φ_p				
	DN16	DN25	DN38	DN50	DN76
金属鲍尔环	306	—	114	98	—
金属环矩鞍	—	138	93.4	71	36
金属阶梯环	—	—	118	82	—
塑料鲍尔环	343	232	114	125	62
塑料阶梯环	—	176	116	89	—
瓷矩鞍环	700	215	140	160	—
瓷拉西环	1050	576	450	288	—

(2) 由填料压降曲线查得

散装填料压降曲线的横坐标通常以空塔气速 u 表示,纵坐标以单位高度填料层压降 $\Delta P/Z$ 表示,常见散装填料的 $\Delta P/Z\text{-}u$ 曲线可从有关填料手册中查得。

2. 规整填料的压降计算

(1) 由填料的压降关联式计算

规整填料的压降通常关联成以下形式

$$\frac{\Delta P}{Z} = \alpha (u\sqrt{\rho_V})^\beta \tag{5.2.2-22}$$

式中,$\Delta P/Z$ 为每米填料层高度的压力降,Pa/m;u 为空塔气速,m/s;ρ_V 为气体密度,kg/m^2;α、β 为关联式常数,可从有关填料手册中查得。

(2) 由填料压降曲线查得

规整填料压降曲线的横坐标通常以 F 因子表示,纵坐标以单位高度填料层压降 $\Delta P/Z$ 表示,常见规整填料的 $\Delta P/Z\text{-}F$ 曲线可从有关填料手册中查得。

5.2.2.4 填料塔内件的类型与设计

1. 塔内件的类型

填料塔的内件主要有填料支承装置、填料压紧装置、液体分布装置、液体收集再分布装置等。合理地选择和设计塔内件,对保证填料塔的正常操作及优良的传质性能十分重要。

(1) 填料支承装置

填料支承装置的作用是支承塔内的填料。常用的填料支承装置有栅板型、孔管型、驼峰型等。对于散装填料,通常选用孔管型、驼峰型支承装置;对于规整填料,通常选用栅板型支承装置。设计中,为防止在填料支承装置处压降过大甚至发生液泛,要求填料支承装置的自由截面积应大于 75%。

(2) 填料压紧装置

为防止在上升气流的作用下填料床层发生松动或跳动，需在填料层上方设置填料压紧装置。填料压紧装置有压紧栅板、压紧网板、金属压紧器等不同的类型。对于散装填料，可选用压紧网板，也可选用压紧栅板，在其下方，根据填料的规格敷设一层金属网，并将其与压紧栅板固定；对于规整填料，通常选用压紧栅板。设计中，为防止在填料压紧装置处压降过大甚至发生液泛，要求填料压紧装置的自由截面积应大于 70%。

为了便于安装和检修，填料压紧装置不能与塔壁采用连续固定方式，对于小塔可用螺钉定于塔壁，而大塔则用支耳固定。

(3) 液体分布装置

液体分布装置的种类多样，有喷头式、盘式、管式、槽式及槽盘式等。工业应用以管式、槽式及槽盘式为主。

管式分布器由不同结构的开孔管制成。其突出的特点是结构简单，供气体流过的自由截面大，阻力小。但小孔易堵塞，操作弹性一般较小。管式液体分布器多用于中等以下液体负荷的填料塔中。在减压精馏及丝网波纹填料塔中，由于液体负荷较小，设计中通常用管式液体分布器。

槽式液体分布器是由分流槽（又称主槽或一级槽）、分布槽（又称副槽或二级槽）构成的。一级槽通过槽底开孔将液体初分成若干流股，分别加入其下方的液体分布槽。分布槽的槽底（或槽壁）上设有孔道（或导管），将液体均匀分布于填料层上。槽式液体分布器具有较大的操作弹性和极好的抗污堵性，特别适用于大气液负荷及含有固体悬浮物、黏度大的液体的分离场合，应用范围非常广泛。

槽盘式分布器是近年来开发的新型液体分布器，它兼有集液、分液及分气三种作用，结构紧凑，气液分布均匀，阻力较小，操作弹性高达 10∶1，适用于各种液体喷淋量。近年来应用非常广泛，在设计中建议优先选用。

(4) 液体收集及再分布装置

前已述及，为减小壁流现象，当填料层较高时需进行分段，故需设置液体收集及再分布装置。

最简单的液体再分布装置为截锥式再分布器。截锥式再分布器结构简单，安装方便，但它只起到将壁流向中心汇集的作用，无液体再分布的功能，一般用于直径小于 0.6m 的塔中。

在通常情况下，一般将液体收集器及液体分布器同时使用，构成液体收集及再分布装置。液体收集器的作用是将上层填料流下的液体收集，然后送至液体分布器进行液体再分布。常用的液体收集器为斜板式液体收集器。

前已述及，槽盘式液体分布器兼有集液和分液的功能，故槽盘式液体分布器是优良的液体收集及再分布装置。

2. 塔内件的设计

填料塔操作性能的好坏、传质效率的高低在很大程度上与塔内件的设计有关。在塔内件设计中，最关键的是液体分布器的设计，现对液体分布器的设计进行简要的介绍。

(1) 液体分布器设计的基本要求

性能优良的液体分布器设计时必须满足以下几点。

① 液体分布均匀

评价液体分布均匀的标准是：足够的分布点密度；分布点的几何均匀性；降液点间流量的均匀性。

a. 分布点密度。

液体分布器分布点密度的选取与填料类型及规格、塔径大小、操作条件等密切相关，各种文献推荐的值也相差很大。大致规律是：塔径越大，分布点密度越小；液体喷淋密度越小，分布点密度越大。对于散装填料，填料尺寸越大，分布点密度越小；对于规整填料，比表面积越大，分布点密度越大。表 5.2.2-12、表 5.2.2-13 分别列出了散装填料塔和规整填料塔的分布点密度推荐值，可供设计时参考。

表 5.2.2-12　Eckert 的散装填料塔分布点密度推荐值

塔径/mm	分布点密度/(点/m² 塔截面)
$D=400$	330
$D=750$	170
$D \geqslant 1200$	42

表 5.2.2-13　苏尔寿公司的规整填料塔分布点密度推荐值

填料类型	分布点密度/(点/m² 塔截面)
250Y 孔板波纹填料	$\geqslant 100$
500(BX) 丝网波纹填料	$\geqslant 200$
700(CY) 丝网波纹填料	$\geqslant 300$

b. 分布点的几何均匀性。

分布点在塔截面上的几何均匀分布是较之分布点密度更为重要的问题。设计中，一般需通过反复计算和绘图排列，进行比较，选择较佳方案。分布点的排列可采用正方形、正三角形等不同方式。

c. 降液点间流量的均匀性。为保证各分布点的流量均匀，需要分布器总体的合理设计、精细的制作和正确的安装。高性能的液体分布器，要求各分布点与平均流量的偏差小于 6%。

② 操作弹性大

液体分布器的操作弹性是指液体的最大负荷与最小负荷之比。设计中，一般要求液体分布器的操作弹性为 2~4，对于液体负荷变化很大的工艺过程，有时要求操作弹性达到 10 以上，此时，分布器必须特殊设计。

③ 自由截面积大

液体分布器的自由截面积是指气体通道占塔截面积的比值。根据设计经验，性能优良的液体分布器，其自由截面积为 50%~70%。设计中，自由截面积最小应在 35% 以上。

④ 其他

液体分布器应结构紧凑、占用空间小、制造容易、调整和维修方便。

(2) 液体分布器布液能力的计算

液体分布器布液能力的计算是液体分布器设计的重要内容。设计时，按其布液作用原理不同和具体结构特性，选用不同的公式计算。

① 重力型液体分布器布液能力计算

重力型液体分布器有多孔型和溢流型两种型式，工业上以多孔型应用为主，其布液工作的动力为开孔上方的液位高度。多孔型分布器布液能力的计算公式为

$$L_s = \frac{\pi}{4} d_0^2 n\varphi \sqrt{2g\Delta H} \tag{5.2.2-23}$$

式中，L_s 为液体流量，m^3/s；n 为开孔数目（分布点数目）；φ 为孔流系数，通常取 $\varphi=0.55\sim0.60$；d_0 为孔径，m；ΔH 为开孔上方的液位高度，m。

② 压力型液体分布器布液能力计算　压力型液体分布器布液工作的动力为压力差（或压降），其布液能力的计算公式为

$$L_s = \frac{\pi}{4} d_0^2 n\varphi \sqrt{2g\left(\frac{\Delta P}{\rho_L g}\right)} \tag{5.2.2-24}$$

式中，L_s 为液体流量，m^3/s；n 为开孔数目（分布点数目）；φ 为孔流系数，通常取 $=0.60\sim0.65$；d_0 为孔径，m；ΔP 为分布器的工作压力差（或压降），Pa；ρ_L 为液体密度，kg/m^3。

设计中，液体流量 L_s 为已知，给定开孔上方的液位高度 ΔH（或已知分布器的工作压力差 ΔP），依据分布器布液能力计算公式，可设定开孔数目 n，计算孔径 d_0；亦可设定孔径 d_0，计算开孔数目 n。

5.2.2.5 填料吸收塔设计示例

某工厂尾气中二氧化硫超标，要求整改，已知尾气冷却到25℃后送入填料塔中，用20℃清水洗涤以除去其中的 SO_2。入塔的炉气流量为 $2400m^3/h$，其中 SO_2 的摩尔分数为0.05，要求 SO_2 的吸收率为95%。吸收塔为常压操作，因该过程液气比很大，吸收温度基本不变，可近似取为清水的温度。

试设计该填料吸收塔。

设计如下：

(1) 设计方案的确定

用水吸收 SO_2 属中等溶解度的吸收过程，为提高传质效率，选用逆流吸收流程。因用水作为吸收剂，且 SO_2 不作为产品，故采用纯溶剂。

(2) 填料的选择

对于水吸收 SO_2 的过程，操作温度及操作压力较低，工业上通常选用塑料散装填料。在塑料散装填料中，塑料阶梯环填料的综合性能较好，故选用 $DN38$ 聚丙烯阶梯环填料。

(3) 基础物性数据

① 液相物性数据

对低浓度吸收过程，溶液的物性数据可近似取纯水的物性数据。由手册查得，20℃时水的有关物性数据如下：

密度为 $\rho_L = 998.2 \text{kg/m}^3$

黏度为 $\mu_L = 0.001 \text{Pa·s} = 3.6 \text{kg/(m·h)}$

表面张力为 $\sigma_L = 72.6 \text{dyn/cm} = 940896 \text{kg/h}^2$

SO_2 在水中的扩散系数为 $D_L = 1.47 \times 10^{-5} \text{cm}^2/\text{s} = 5.29 \times 10^{-6} \text{m}^2/\text{h}$

② 气相物性数据

混合气体的平均摩尔质量为

$$M_{Vm} = \sum y_i M_i = 0.05 \times 64.06 + 0.95 \times 29 = 30.75$$

混合气体的平均密度为

$$\rho_{Vm} = \frac{PM_{Vm}}{RT} = \frac{101.3 \times 30.75}{8.314 \times 298} = 1.257 \text{kg/m}^3$$

混合气体的黏度可近似取为空气的黏度，查手册得 20℃ 空气的黏度为

$$\mu_V = 1.81 \times 10^{-5} \text{Pa·s} = 0.065 \text{kg/(m·h)}$$

查手册得 SO_2 在空气中的扩散系数为

$$D_V = 0.108 \text{cm}^2/\text{s} = 0.039 \text{m}^2/\text{h}$$

③ 气液相平衡数据

由手册查得，常压下 20℃时 SO_2 在水中的亨利系数为

$$E = 3.55 \times 10^3 \text{kPa}$$

相平衡常数为

$$m = \frac{E}{P} = \frac{3.55 \times 10^3}{101.3} = 35.04$$

溶解度系数为

$$H = \frac{\rho_L}{EM_s} = \frac{998.2}{3.55 \times 10^3 \times 18.02} = 0.0156 \text{kmol/(kPa·m}^3)$$

(4) 物料衡算

进塔气相摩尔比为

$$Y_1 = \frac{y_1}{1-y_1} = \frac{0.05}{1-0.05} = 0.0526$$

出塔气相摩尔比为

$$Y_2 = Y_1(1-\varphi_A) = 0.0526 \times (1-0.95) = 0.00263$$

进塔惰性气相流量为

$$V = \frac{2.400}{22.4} \times \frac{273}{273+25} \times (1-0.05) = 93.25 \text{kmol/h}$$

该吸收过程属低浓度吸收，平衡关系为直线，最小液气比可按下式计算，即

$$\left(\frac{L}{V}\right)_{min} = \frac{Y_1 - Y_2}{Y_1/m - X_2}$$

对于纯溶剂吸收过程，进塔液相组成为 $X_2=0$

$$\left(\frac{L}{V}\right)_{\min}=\frac{0.0526-0.00263}{0.0526/35.04-0}=33.29$$

取操作液气比为 $\frac{L}{V}=1.4\left(\frac{L}{V}\right)_{\min}$

$$\frac{L}{V}=1.4\times33.29=46.61$$

$$L=46.61\times93.25=4346.38\text{kmol/h}$$

由

$$V(Y_1-Y_2)=L(X_1-X_2)$$

$$X_1=\frac{93.25(0.0526-0.00263)}{4346.38}=0.0011$$

(5) 填料塔的工艺尺寸的计算

① 塔径计算

采用 Eckert 通用关联图计算泛点气速。

气相质量流量为

$$W_V=2400\times1.257=3016.8\text{kg/h}$$

液相质量流量可近似按纯水的流量计算，即

$$W_L=4346.38\times18.02=78321.77\text{kg/h}$$

Eckert 通用关联图的横坐标为

$$\frac{W_L}{W_V}\left(\frac{\rho_V}{\rho_L}\right)^{0.5}=\frac{78321.77}{3016.8}\times\left(\frac{1.257}{998.2}\right)^{0.5}=0.921$$

查图 5.2.2-1 得

$$\frac{u_F^2\phi_F\psi\rho_V}{g\rho_L}\mu_L^{0.2}=0.023$$

查表 5.2.2-3 得

$$\Phi_F=170\text{m}^{-1}$$

$$u_F=\sqrt{\frac{0.023g\rho_L}{\Phi_F\psi\rho_V\mu_L^{0.2}}}=\sqrt{\frac{0.023\times9.81\times998.2}{170\times1\times1.257\times1^{0.2}}}=1.027\text{m/s}$$

取

$$u=0.7u_F=0.7\times1.027=0.719\text{m/s}$$

由

$$D=\sqrt{\frac{4V_s}{\pi u}}=\sqrt{\frac{4\times2400/3600}{3.14\times0.719}}=1.087\text{m}$$

圆整塔径，取 $D=1.2\text{m}$。

泛点率校核：

$$u=\frac{2400/3600}{0.785\times1.2^2}=0.59\text{m/s}$$

$$\frac{u}{u_F}=\frac{0.59}{1.027}\times100\%=57.45\%\text{（在允许范围内）}$$

填料规格校核：

$$\frac{D}{d}=\frac{1200}{38}=31.58>8$$

液体喷淋密度校核：取最小润湿速率为$(L_W)_{min}=0.08\text{m}^3/\text{m}\cdot\text{h}$
查手册得：
$$a_t=132.5\text{m}^2/\text{m}^3$$
$$U_{min}=(L_W)_{min}a_t=0.08\times132.5=10.6\text{m}^3/\text{m}^2\cdot\text{h}$$
$$U=\frac{78321.77/998.2}{0.785\times1.2^2}=61.42>U_{min}$$

经以上校核可知，填料塔直径选用 $D=1200\text{mm}$ 合理。

② 填料塔高度计算
$$Y_1^*=mX_1=35.04\times0.0011=0.0385$$
$$Y_2^*=mX_2=0$$

脱吸因数为
$$S=\frac{mV}{L}=\frac{35.04\times93.25}{4346.38}=0.752$$

气相总传质单元数为
$$N_{OG}=\frac{1}{1-S}\ln\left[(1-S)\frac{Y_1-Y_2^*}{Y_2-Y_2^*}+S\right]$$
$$=\frac{1}{1-0.752}\ln\left[(1-0.752)\times\frac{0.0526-0}{0.00263-0}+0.752\right]=7.026$$

气相总传质单元高度采用修正的恩田关联式计算：
$$\frac{a_W}{a_t}=1-\exp\left\{-1.45\left(\frac{\sigma_c}{\sigma_L}\right)^{0.75}\left(\frac{U_L}{a_t\mu_L}\right)^{0.1}\left(\frac{U_L^2 a_t}{\rho_L^2 g}\right)^{-0.05}\left(\frac{U_L^2}{\rho_L\sigma_L a_t}\right)^{0.2}\right\}$$

查表 5.2.2-6 得
$$\sigma_c=33\text{dyn/cm}=427680\text{kg/h}^2$$

液体质量通量为
$$U_L=\frac{78321.77}{0.785\times1.2^2}=69286.77\text{kg}/(\text{m}^2\cdot\text{h})$$

$$\frac{a_W}{a_t}=1-\exp\left\{-1.45\left(\frac{427680}{940896}\right)^{0.75}\left(\frac{69286.77}{132.5\times3.6}\right)^{0.1}\left(\frac{69286.77^2\times132.5}{998.2^2\times1.27\times10^3}\right)^{-0.05}\left(\frac{69.286.77^2}{998.2\times940.896\times132.5}\right)^{0.2}\right\}$$
$$=0.592$$

气膜吸收系数由下式计算：
$$k_G=0.237\left(\frac{U_v}{a_t\mu_V}\right)^{0.7}\left(\frac{\mu_v}{\rho_v D_v}\right)^{1/3}\left(\frac{a_t D_v}{RT}\right)$$

气体质量通量为：
$$U_V=\frac{2400\times1.257}{0.785\times1.2^2}=2668.79\text{kg}/(\text{m}^2\cdot\text{h})$$

$$k_G=0.237\left(\frac{2668.79}{132.5\times0.065}\right)^{0.7}\left(\frac{0.065}{1.257\times0.039}\right)^{1/3}\left(\frac{132.5\times0.039}{8.314\times293}\right)$$
$$=0.0336\text{kmol}/(\text{m}^2\cdot\text{h}\cdot\text{kPa})$$

液膜吸收系数由下式计算：

$$k_L = 0.0095\left(\frac{U_L}{a_W\mu_L}\right)^{2/3}\left(\frac{\mu_L}{\rho_L D_L}\right)^{-1/2}\left(\frac{\mu_L g}{\rho_L}\right)^{1/3}$$

$$= 0.0095\left(\frac{69286.77}{0.592\times132.5\times3.6}\right)^{2/3}\left(\frac{3.6}{998.2\times5.29\times10^{-6}}\right)^{-1/2}\left(\frac{3.6\times1.27\times10^8}{998.2}\right)^{1/3}$$

$$= 1.099 \text{m/h}$$

由 $k_G a = k_G a_W \psi^{1.1}$，查表5.2.2-7得 $\psi = 1.45$

则 $k_G a = k_G a_W \psi^{1.1} = 0.0336\times0.592\times132.5\times1.45^{1.1} = 3.966\text{kmol}(\text{m}^3\cdot\text{h}\cdot\text{kPa})$

$k_L a = k_L a_W \psi^{0.4} = 1.099\times0.592\times132.5\times1.45^{0.4} = 100.021/\text{h}$

因 $\dfrac{u}{u_F} = 57.45\% > 50\%$，需对 $k_G a$ 和 $k_L a$ 进行校正，如下：

由 $k'_G a = \left[1+9.5\left(\dfrac{u}{u_F}-0.5\right)^{1.4}\right]k_G a$，$k'_L a = \left[1+2.6\left(\dfrac{u}{u_F}-0.5\right)^{2.2}\right]k_L a$，得

$$k'_G a = [1+9.5(0.5745-0.5)^{1.4}]\times3.966 = 4.959\text{kmol}/(\text{m}^3\cdot\text{h}\cdot\text{kPa})$$

$$k'_L a = [1+2.6(0.5745-0.5)^{2.2}]\times100.02 = 100.881/\text{h}$$

则 $K_G a = \dfrac{1}{\dfrac{1}{k'_G a}+\dfrac{1}{Hk'_L a}} = \dfrac{1}{\dfrac{1}{4.959}+\dfrac{1}{0.0156\times100.88}} = 1.195\text{kmol}/(\text{m}^3\cdot\text{h}\cdot\text{kPa})$

由 $\quad H_{OG} = \dfrac{V}{K_Y a\Omega} = \dfrac{V}{K_G a P\Omega} = \dfrac{93.25}{1.195\times101.3\times0.785\times1.2^2} = 0.681\text{m}$

由 $\quad Z = H_{OG} N_{OG} = 0.681\times7.026 = 4.785\text{m}$

$$Z' = 1.25\times4.785 = 5.981\text{m}$$

设计取填料层高度为 $\quad\quad\quad\quad Z' = 6\text{m}$

查表5.2.2-9，对于阶梯环填料，$\dfrac{h}{D} = 8\sim15$，$h_{max}\leqslant 6\text{mm}$。

取 $\dfrac{h}{D} = 8$，则 $h = 8\times1200 = 9600\text{mm}$

计算得填料塔高度为6000mm，故不需分段。

(6) 填料层压降计算

采用Eckert通用关联图计算填料层压降。

横坐标为

$$\frac{W_L}{W_V}\left(\frac{\rho_V}{\rho_L}\right)^{0.5} = 0.921$$

查表5.2.2-11得，$\Phi_p = 116\text{m}^{-1}$

纵坐标为

$$\frac{u^2\Phi_p\psi\rho_V}{g}\mu_L^{0.2} = \frac{0.59^2\times116\times1}{9.81}\times\frac{1.257}{998.2}\times1^{0.2} = 0.0052$$

查图5.2.2-1得

$$\Delta P/Z = 107.91 \text{Pa/m}$$

填料层压降为

$$\Delta P = 107.91 \times 6 = 647.46 \text{Pa}$$

(7) 液体分布器简要设计

① 液体分布器的选型

该吸收塔液相负荷较大，而气相负荷相对较低，故选用槽式液体分布器。

② 分布点密度计算

按表 5.2.2-12 建议值，$D \geqslant 1200$ 时，喷淋点密度为 42 点/m²，因该塔液相负荷较大，设计取喷淋点密度为 120 点/m²。

布液点数为

$$n = 0.785 \times 1.2^2 \times 120 = 135.6 \text{ 点} \approx 136 \text{ 点}$$

按分布点几何均匀与流量均匀的原则，进行布点设计。设计结果为：二级槽共设七道，在槽侧面开孔，槽宽度为 80mm，槽高度为 210mm，两槽中心距为 160mm。分布点采用三角形排列，实际设计布点数为 $n = 132$ 点。

③ 布液计算

由 $L_s = \dfrac{\pi}{4} d_0^2 n \psi \sqrt{2g\Delta H}$

取 $\psi = 0.60$，$\Delta H = 160 \text{mm}$

$$d_0 = \left(\frac{4L_s}{\pi n \psi \sqrt{2g\Delta H}} \right)^{1/2}$$

$$= \left(\frac{4 \times 78321.77/998.2 \times 3600}{3.14 \times 132 \times 0.6 \sqrt{2 \times 9.81 \times 0.16}} \right)^{1/2} = 0.014 \text{m}$$

设计取 $d_0 = 14 \text{mm}$。

填料塔设计计算结果见表 5.2.2-14，填料塔设计条件图举例如图 5.2.2-3。

表 5.2.2-14 填料塔设计计算结果

序号	项目	数值
1	空塔气速/(m/s)	0.59
2	泛点气速/(m/s)	1.027
3	塔径/m	1.2
4	填料类型	塑料阶梯环填料
5	填料尺寸	DN38
6	填料层高度/m	6
7	塔段数/段	1
8	填料层压降/Pa	647.46
9	液体分布器排列方式	三角形排列
10	液体分布器布液点数	132
11	液体分布器孔径/m	0.014

第 5 章 精馏塔的设计

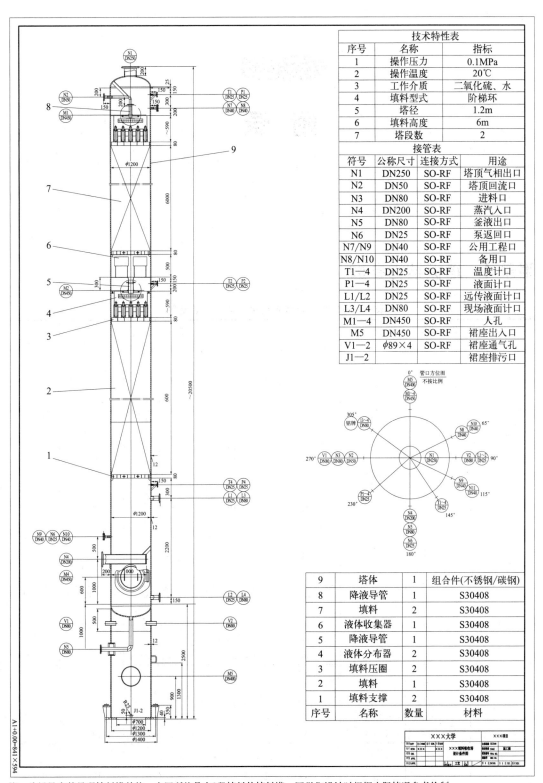

注：为尽量完整呈现填料塔结构，本图所绘是有 2 段填料的填料塔，同学们设计时根据实际情况参考绘制。

图 5.2.2-3　填料吸收塔设计条件图举例

附 录

附录1 塔板结构参数

表1 塔板结构参数系列化标准（单溢流型）

塔径 D/mm	塔截面积 A_T/m²	塔板间距 H_T/mm	弓形降液管 堰长 l_w/mm	弓形降液管 管宽 W_d/mm	降液管面积 A_f/m²	A_f/A_T	l_w/D
600①	0.02610	300	406	77	0.0188	7.2	0.677
		350	428	90	0.0238	9.1	0.714
		400	400	103	0.0289	11.02	0.734
7000①	0.3590	300	466	87	0.0248	6.9	0.666
		350	500	105	0.0325	9.06	0.714
		450	525	120	0.0395	11.0	0.750
800	0.5027	350	529	100	0.0363	7.22	0.661
		450	581	125	0.0502	10.0	0.726
		500					
		600	640	160	0.0717	14.2	0.800
1000	0.7854	350	650	120	0.0534	6.8	0.650
		450	714	150	0.0770	9.8	0.714
		500					
		600	800	200	0.1120	14.2	0.800
1200	1.1310	350	794	150	0.0816	7.22	0.661
		450					
		500	876	190	0.1150	10.2	0.730
		600					
		800	960	240	0.161.0	14.2	0.800
1400	5390	350	903	165	0.1020	6.63	0.645
		450					
		500	1029	225	0.1610	10.45	0.735
		600					
		800	1104	270	0.2065	13.4	0.790
1600	2.0110	450	1056	199	0.1450	7.21	0.660
		500					
		600	1171	255	0.2070	10.3	0.732
		800	1286	325	0.2918	14.5	0.805

续表

塔径 D/mm	塔截面积 A_T/m²	塔板间距 H_T/mm	弓形降液管 堰长 l_w/mm	弓形降液管 管宽 W_d/mm	降液管面积 A_f/m²	A_f/A_T	l_w/D
1800	2.5450	450 500 600 800	1165 1312 1434	214 284 354	0.1710 0.2570 0.3540	6.74 10.1 13.9	0.647 0.730 0.797
2000	3.1420	450 500 600 800	1308 1456 1599	244 314 399	0.2190 0.3155 0.4457	7.0 10.0 14.2	0.654 0.727 0.799
2200	3.8010	450 500 600 800	598 1686 1750	344 394 434	0.3800 0.4600 0.5320	10.0 12.1 14.0	0.726 0.766 0.795
2400	4.5240	450 500 600 800	1742 830 1916	374 424 479	0.4524 0.5430 0.6430	10.0 12.0 14.2	0.726 0.763 0.798

注：①对 $\varphi 600$ 及 $\varphi 700$ 两种塔径是整块式塔板，降液管为嵌入式，弓弧部分比塔的内径小一圈，表中的 l_w 及 W_d 为实际值。

附录2 常用散装填料的特性参数

表1 金属拉西环特性数据

公称直径 DN/mm	外径×高×厚 $d×h×\delta$/mm	比表面积 a/(m²/m³)	空隙率 ε/%	个数 n/(1/m³)	堆积密度 ρ_p/(kg/m³)	干填料因子 Φ/(1/m)
25	25×25×0.8	220	95	55000	640	257
38	38×380.8	150	93	19000	570	186
50	50×50×1.0	110	92	7.000	430	141

表2 金属鲍尔环特性数据

公称直径 DN/mm	外径×高×厚 $d×h×\delta$/mm	比表面积 a/(m²/m³)	空隙率 ε/%	个数 n/(1/m³)	堆积密度 ρ_p/(kg/m³)	干填料因子 Φ/(1/m)
25	25×25×0.5	219	95	1940	393	255
38	38×38×0.6	146	95.9	15180	318	165
50	50×50×0.8	109	96	6500	314	124
76	76×76×1.2	71	96.1	1830	308	80

表3 聚丙烯鲍尔环特性数据

公称直径 DN/mm	外径×高×厚 $d×h×\delta$/mm	比表面积 a/(m²/m³)	空隙率 ε/%	个数 n/(1/m³)	堆积密度 ρ_p/(kg/m³)	干填料因子 Φ/(1/m)
25	25×25×1.2	213	90.7	48300	85	285
38	38×38×1.44	151	91.0	15800	82	200
50	50×50×1.5	100	91.7	6300	76	130
76	76×76×2.6	72	92.0	1830	73	92

表4 金属阶梯环特性数据

公称直径 DN/mm	外径×高×厚 $d \times h \times \delta$/mm	比表面积 a /(m²/m³)	空隙率 ε /%	个数 n /(1/m³)	堆积密度 ρ_p /(kg/m³)	干填料因子 Φ /(1/m)
25	25×12.5×0.5	221	95.1	98120	382	257
38	38×19×0.6	153	95.9	30040	325	173
50	50×25×0.8	109	96.1	12340	308	123
76	76×38×1.2	72	96.1	3540	306	81

表5 塑料阶梯环特性数据

公称直径 DN/mm	外径×高×厚 $d \times h \times \delta$/mm	比表面积 a /(m²/m³)	空隙率 ε /%	个数 n /(1/m³)	堆积密度 ρ_p /(kg/m³)	干填料因子 Φ /(1/m)
25	25×12.5×1.4	228	90	81500	97.8	312
38	38×19×1.0	132.5	91	27200	57.5	175
50	50×25×1.5	114.2	92.7	10740	54.8	143
76	76×38×3.0	90	92.9	3420	68.4	112

表6 金属环矩鞍特性数据

公称直径 DN/mm	外径×高×厚 $d \times h \times \delta$/mm	比表面积 a /(m²/m³)	空隙率 ε /%	个数 n /(1/m³)	堆积密度 ρ_p /(kg/m³)	干填料因子 Φ /(1/m)
25(铝)	25×20×0.6	185	96	101160	119	209
38	38×30×0.8	112	96	24680	365	126
50	50×40×1.0	74.9	96	10400	291	84
76	76×60×1.2	57.6	97	3320	244.7	63

附录3 常用规整填料的性能参数

表1 金属孔板波纹填料

型号	理论板数 N_T /(1/m)	比表面积 a /(m²/m³)	空隙率 ε /%	液体负荷 U /[m³/(m²·h)]	最大 F 因子 F_{max} /[m/s(kg/m³)]$^{0.5}$	压降 ΔP /(MPa/m)
125Y	1~1.2	125	98.5	0.2~100	3	2.0×10^{-4}
250Y	2~3	250	97	0.2~100	2.6	3.0×10^{-4}
350Y	3.5~4	350	95	0.2~100	2.0	3.5×10^{-4}
500Y	4~4.5	500	93	0.2~100	1.8	4.0×10^{-4}
700Y	6~8	700	85	0.2~100	1.6	$4.6 \sim 6.6 \times 10^{-4}$
125X	0.8~0.9	125	98.5	0.2~100	3.5	1.3×10^{-4}
250X	1.6~2	250	97	0.2~100	2.8	1.4×10^{-4}
350X	2.3~2.8	350	95	0.2~100	2.2	1.8×10^{-4}

表2 金属丝网波纹填料

型号	理论板数 N_T /(1/m)	比表面积 a /(m²/m³)	空隙率 ε /%	液体负荷 U /[m³/(m²·h)]	最大 F 因子 F_{max} /[m/s(kg/m³)]$^{0.5}$	压降 ΔP /(MPa/m)
BX	4~5	500	90	0.2~20	2.4	1.97×10^{-4}

续表

型号	理论板数 N_T /(1/m)	比表面积 a /(m²/m³)	空隙率 ε /%	液体负荷 U /[m³/(m²·h)]	最大 F 因子 F_{max} /[m/s(kg/m³)]^{0.5}	压降 ΔP /(MPa/m)
BY	4～5	500	90	0.2～20	2.4	1.99×10⁻⁴
CY	8～10	700	87	0.2～20	2.0	4.6～6.6×10⁻⁴

表3 塑料孔板波纹填料

型号	理论板数 N_T /(1/m)	比表面积 a /(m²/m³)	空隙率 ε /%	液体负荷 U /[m³/(m²·h)]	最大 F 因子 F_{max} /[m/s(kg/m³)]^{0.5}	压降 ΔP /(MPa/m)
125Y	1～1.2	125	98.5	0.2～100	3	2.0×10⁻⁴
250Y	2～3	250	97	0.2～100	2.6	3.0×10⁻⁴
350Y	3.5～4	350	95	0.2～100	2.0	3.0×10⁻⁴
500Y	4～4.5	500	93	0.2～100	1.8	3.0×10⁻⁴
125X	0.8～0.9	125	98.5	0.2～100	3.5	1.4×10⁻⁴
250X	1.5～2	250	97	0.2～100	2.8	1.8×10⁻⁴
350X	2.3～2.8	350	95	0.2～100	2.2	1.3×10⁻⁴
500X	2.8～3.2	500	93	0.2～100	2.0	1.8×10⁻⁴

附录4 常用有机物的密度

表1 液态芳烃的密度（Ⅰ）　　　　单位：kg/m³

名称	温度/℃											
	-80	-60	-40	-20	0	20	40	60	80	100	120	140
苯						877.4	857.3	836.6	815.0	792.5	768.9	744.1
甲苯	958.0	940.6	922.6	904.2	885.6	867.0	848.2	829.3	810.0	790.3	770.0	748.8
邻二甲苯				917.4	901.2	884.7	867.7	850.3	832.5	814.0	795.0	775.3
间二甲苯				918.9	902.6	886.0	869.0	851.6	833.7	815.2	796.2	776.6	756.1
对二甲苯						864.2	846.8	828.9	810.6	791.6	772.0	751.6
1,2,3-三甲苯				925.3	910.0	894.4	878.4	862.1	845.4	828.3	810.7	792.5
1,2,4-三甲苯			922.6	907.3	891.7	875.8	859.6	842.9	825.9	808.3	790.3	771.6
1,3,5-三甲苯			915.0	899.3	883.4	867.1	850.4	833.4	815.8	797.8	779.2	759.9
乙苯	953.9	937.6	920.6	903.2	885.5	867.7	849.8	831.8	813.6	795.2	776.2	756.7
丙苯	943.3	928.1	911.9	895.3	878.4	861.3	844.2	827.0	809.6	792.1	774.3	755.9
异丙苯	939.8	924.8	909.6	894.1	878.3	862.1	845.6	828.6	811.2	793.2	774.7	755.4
丁苯	937.9	923.7	909.2	894.4	879.4	864.0	848.4	832.4	816.0	799.2	781.8	764.0
异丁苯			902.8	886.5	870.0	853.3	836.5	819.0	802.7	785.6	768.3	750.6
仲丁苯		923.6	908.9	893.5	877.8	862.0	846.0	829.9	813.8	797.5	781.1	764.3
叔丁苯			913.9	898.4	882.5	866.4	850.3	834.1	817.7	801.3	784.6	767.6

续表

名称	温度/℃											
	-80	-60	-40	-20	0	20	40	60	80	100	120	140
联苯									984.4	968.6	952.8	936.9
单异丙基联苯①						969	962	953	943	932	920	907
导热姆②						1062	1046	1029	1013	996	979	962

名称	温度/℃											
	160	180	200	220	240	260	280	300	320	340	360	380
苯	717.6	689.2	658.1	623.3	582.8	532.3	453.7					
甲苯	726.5	703.1	678.3	646.6	614.8	580.5	539.5	481.3	290.0			
邻二甲苯	754.8	733.3	710.7	686.8	661.1	633.3	602.5	567.2	524.7	466.2	289.3	
间二甲苯	734.8	712.4	688.8	663.6	636.4	606.5	572.8	533.1	481.8	388.3		
对二甲苯	730.3	708.0	684.3	659.2	632.0	602.1	568.4	528.5	476.7	378.5		
1,2,3-三甲苯	773.7	754.2	733.9	712.6	690.1	666.2	640.5	612.6	581.3	545.2	500.4	433.8
1,2,4-三甲苯	752.3	732.1	711.1	688.9	665.4	640.2	612.8	582.5	547.7	505.6	447.0	382.6[172]
1,3,5-三甲苯	739.0	719.1	697.2	674.1	649.4	622.8	593.6	560.6	521.9	471.8	381.7	
乙苯	736.4	715.1	692.7	669.1	639.1	608.9	576.8	539.4	489.3	392.4		
丙苯	737.0	717.3	696.7	675.1	651.6	622.9	594.2	563.4	527.6	480.1	393.0	
异丙苯	735.4	714.5	692.5	669.2	644.3	617.2	587.3	553.1	512.1	456.2	363.9[354]	
丁苯	745.5	726.3	706.3	685.3	663.1	639.5	614.1	586.3	555.1	537.7	518.6	472.4
异丁苯	732.3	713.4	693.7	673.1	651.5	625.4	597.7	569.1	537.5	499.0	443.6	338.1[376]
仲丁苯	747.0	729.1	710.5	691.1	670.7	648.8	621.6	594.4	565.6	532.8	490.9	424.6
权丁苯	750.0	731.9	712.9	693.1	672.4	649.1	621.7	594.0	564.4	529.9	484.7	406.2
联苯	921.0	904.9	888.6	8720	855.0	837.6	819.6	800.9	781.6	761.5	740.1	713.6
单异丙基联苯①	893	877	861	844	827	809	791	772	753	734	714	694
导热姆②	945	927	909	892	873	855	836	818	798	779	759	738

① 温度为400℃、420℃、440℃、460℃、480℃、500℃时,其值为分别为687.4kg/m³、660.4kg/m³、631.2kg/m³、597.8kg/m³、556.1kg/m³、495.0kg/m³。
② 是联苯和二苯醚的混合物。

表2　液态芳烃的密度（Ⅱ）　　　　　　　　　　　　　　　　单位：kg/m³

名称	温度/℃													
	-20	0	20	40	60	80	100	120	140	160	180	200	220	240
氟化苯	1072	1049	1025	1001	976.8	951.9	926.1	899.1	870.7	840.6	806.6	766.5	725.3	679.0
碘化苯	1890	1861	1831	1801	1770	1740	1709	1679	1647	1616	1584	1551	1516	1481
溴化苯	1542	1517	1492	1467	1441	1414	1386	1358	1329	1299	1268	1235	1201	1165
氯化苯		1129	1107	1085	1064	1042	1019	996.4	972.9	948.5	923.0	896.3	868.3	835.9
邻二氯化苯		1326	1306	1284	1263	1241	1218	1195	1172	1147	1122	1096	1068	1040
间二氯化苯	1330	1309	1288	1267	1245	1223	1200	1176	1152	1127	1101	1074	1046	1017
对二氯化苯					1245	1223	1200	1176	1152	1127	1101	1074	1046	1017

续表

名称	温度/℃													
	-20	0	20	40	60	80	100	120	140	160	180	200	220	240
邻氯化甲苯	1119	1100	1082	1063	1045	1026	1007	988.1	968.7	948.8	928.3	907.0	884.7	861.4
间氯化甲苯	1108	1090	1072	1054	1035	1017	998.3	979.5	960.4	940.9	920.8	899.9	878.1	855.2
对氯化甲苯			1069	1052	1033	1015	996.3	977.7	958.6	939.2	919.2	898.4	876.7	854.0
硝基苯			1203	1184	1164	1144	1124	1102	1081	1059	1036	1012	988.1	962.8
邻二硝基苯								1312	1298	1283	1267	1250	1233	1213
间二硝基苯								1234	1216	1198	1179	1161	1142	1122	1101
对二硝基苯												1160	1141	1120	1099
2,5-二氯硝基苯					1456	1433	1410	1386	1362	1337	1312	1286	1259	1232
邻硝基氯苯				1349	1328	1307	1285	1263	1240	1217	1193	1168	1143	1117
间硝基氯苯					1328	1306	1284	1261	1237	1213	1188	1163	1137	1109
对硝基氯苯							1288	1265	1242	1219	1194	1170	1144	1117
萘							963.4	942.7	930.6	913.6	896.1	878.1	859.6	840.4
1,2,3,4-四氢化萘						923.5	907.4	890.9	874.0	856.7	838.8	820.4	801.2	781.4

名称	温度/℃													
	260	280	300	320	340	360	380	400	420	440	460	480	500	520
氟苯	619.1	514.7												
碘苯	1444	1405	1365	1315	1263	1210	1152	1084	995.2	844.9				
溴苯	1127	1087	1042	992.9	936.6	868.4	774.4	528.0						
氯化苯	799.0	761.3	720.2	670.7	600.9	418.0								
邻二氯化苯	1010	978.3	944.4	907.8	867.0	822.0	768.2	698.4	571.4					
间二氯化苯	986.0	953.0	917.4	878.6	835.2	784.8	722.1	628.1						
对二氯化苯	986.2	953.3	917.9	879.2	836.0	786.1	724.3	633.1						
邻氯化甲苯	836.9	809.1	776.6	743.9	708.7	668.2	615.9							
间氯化甲苯	831.3	804.8	772.8	740.7	706.6	667.8	618.8							
对氯化甲苯	830.2	804.2	772.3	740.3	706.5	668.	620.0							
硝基苯	936.4	908.7	879.4	848.1	814.4	777.4	735.7	686.7	623.9	515.5				
邻二硝基苯	1193	1173	1151	1128	1103	1078	1051	1020	989.1	955.2	916.6	876.8	825.7	762.0
间二硝基苯	1079	1057	1034	1010	984.5	957.9	929.0	898.5		8300	789.8	743.2	682.7	591.9
对二硝基苯	1077	1055	1031	1007	981.8	954.9	925.9	895.3	862.	826.4	785.9	739.0	678.0	583.5
2,5-二氯硝基苯	1203	1174	1143	1111	1077	1042	1004	962.4	917.0	865.3	803.7	721.8	520.3	
邻硝基氯苯	1090	1062	1033	1002	969.2	934.5	896.9	855.5	808.7	753.4	681.2	542.9		
间硝基氯苯	1081	1052	1021	988.5	953.8	916.5	875.7	829.9	776.6	709.6	604.3			
对硝基氯苯	1090	1061	1031	999.8	966.4	930.6	891.8	848.8	799.7	740.5	659.7	445.6		
萘	820.5	799.7	778.0	755.0	730.6	704.4	675.9	644.1	607.6	563.0	500.0	445.5[470]		
1,2,3,4-四氢化萘	760.6	738.8	715.7	691.1	664.6	635.4	602.5	563.9	514.4	430.8				

表 3 苯和萘在饱和线上的密度   单位：kg/m³

项目		温度/℃									
		10	20	30	40	50	60	80	100	120	140
苯	液相	889.5	879.0	868.5	857.6	846.6	835.7	814.5	792.7	769.2	744.0
	气相	0.2	0.4	0.6	0.8	1.1	1.5	2.73	4.70	7.67	11.76
		温度/℃									
		160	180	200	220	240	260	280	286	288	289.5
	液相	718.5	690.6	660.5	625.5	585.1	532.5	451.4	407.8	385.6	304.0
	气相	17.34	24.87	35.46	50.15	71.38	103.8	166.0	239.3	274.5	304.0
萘	液相				873	858	842	827	812³⁰⁰	794³²⁰	
	气相				3.3	4.7	7.0	11.3	12.9³⁰⁰	17.0³²⁰	

表 4 导热姆在饱和线上的密度和比容

项目		温度/℃											
		20	30	40	50	60	70	80	90	100	110	120	130	140
密度	液态/(kg/m³)	1062	1054	1046	1037	1029	1021	1013	1004	996	987	979	970	962
	气态/(kg/m³)				0.0025	0.0045	0.0079	0.0133	0.0282	0.0347	0.0537	0.0812	0.1195	0.1727
比容	液态/(dm³/kg)	0.9416	0.9488	0.9560	0.9643	0.9718	0.9794	0.9872	0.9960	1.004	1.013	1.021	1.031	1.040
	气态/(m³/kg)				400	222	127	75.2	35.5	28.8	18.6	12.3	8.368	5.790

项目		温度/℃											
		150	160	170	180	190	200	210	220	230	240	250	260	270
密度	液态/(kg/m³)	953	945	936	927	918	909	901	892	882	873	864	855	846
	气态/(kg/m³)	0.2450	0.3406	0.4655	0.6301	0.8339	1.097	1.418	1.815	2.301	2.882	3.581	4.400	5.381
比容	液态/(dm³/m³)	1.049	1.058	1.068	1.079	1.089	1.100	1.110	1.121	1.134	1.145	1.157	1.170	1.182
	气态/(m³/kg)	4.082	2.936	2.148	1.587	1.199	0.912	0.705	0.551	0.435	0.347	0.279	0.227	0.186

项目		温度/℃											
		280	290	300	310	320	330	340	350	360	370	380	390	400
密度	液态/(kg/m³)	836	827	818	808	798	787	779	769	759	748	738	727	717
	气态/(kg/m³)	6.517	7.846	9.339	11.10	13.16	15.39	17.98	20.88	24.23	27.92	32.19	36.95	42.35
比容	液态/(dm³/kg)	1.196	1.209	1.222	1.238	1.253	1.271	1.284	1.300	1.318	1.337	1.355	1.376	1.395
	气态/(m³/kg)	0.153	0.127	0.107	0.0901	0.0760	0.0650	0.0556	0.0479	0.0413	0.0358	0.0311	0.0271	0.0236

附录 5 常用有机物的黏度

表 1 气态芳烃的黏度（Ⅰ）   单位：μPa·s

名称	温度/℃							
	−50	0	50	100	150	200	250	300
苯	5.857	7.118	8.372	9.619	10.86	12.10	13.33	14.56

续表

名称	温度/℃							
	−50	0	50	100	150	200	250	300
甲苯	5.335	6.488	7.631	8.767	9.899	11.03	12.15	13.27
邻二甲苯	5.004	6.082	7.155	8.221	9.281	10.34	11.39	12.44
间二甲苯	4.428	5.750	7.004	8.204	9.361	10.48	11.58	12.64
对二甲苯	4.429	5.730	6.975	8.170	9.322	10.44	11.53	12.59
1,2,3-三甲苯	4.462	5.466	6.471	7.471	8.464	9.449	10.42	11.38
1,2,4-三甲苯	4.459	5.468	6.471	7.470	8.462	9.444	10.42	11.37
1,3,5-三甲苯	4.462	5.468	6.471	7.469	8.459	9.440	10.41	11.36
乙苯	4.448	5.777	7.037	8.243	9.405	10.53	11.63	12.70
丙苯	4.121	5.384	6.579	7.722	8.824	9.892	10.93	11.95
异丙苯	4.226	5.511	6.727	7.889	9.010	10.10	11.16	12.19
丁苯	4.257	5.218	6.177	7.131	8.079	9.018	9.947	10.86
异丁苯	4.343	5.326	6.303	7.276	8.242	9.199	10.14	11.08
仲丁苯	4.346	5.324	6.303	7.277	8.244	9.203	10.15	11.09
叔丁苯	4.464	5.473	6.478	7.479	8.473	9.458	10.43	11.39
联苯	4.759	5.649	6.586	7.559	8.558	9.569	10.59	11.60
名称	温度/℃							
	350	400	450	500	550	600	650	700
苯	15.79	16.96	18.08	19.16	20.20	21.21	22.18	23.13
甲苯	14.39	15.50	16.55	17.56	18.53	19.47	20.38	21.27
邻二甲苯	13.49	14.54	15.56	16.54	17.49	18.40	19.28	20.14
间二甲苯	13.69	14.72	15.72	16.72	17.69	18.66	19.61	20.55
对二甲苯	13.63	14.65	15.66	16.64	17.62	18.58	19.53	20.46
1,2,3-三甲苯	12.33	13.26	14.18	15.08	15.96	16.82	17.67	18.50
1,2,4-三甲苯	12.32	13.24	14.15	15.05	15.92	16.78	17.62	18.44
1,3,5-三甲苯	12.30	13.23	14.13	15.02	15.89	16.74	17.58	18.39
乙苯	13.75	14.79	15.80	16.80	17.78	18.75	19.71	20.65
丙苯	12.94	13.92	14.88	15.82	16.75	17.67	18.58	19.47
异丙苯	13.20	14.20	15.17	16.13	17.08	18.01	18.94	19.85
丁苯	11.77	12.66	13.53	14.39	15.23	16.05	16.86	17.65
异丁苯	12.00	12.90	13.79	14.66	15.51	16.35	17.17	17.97
仲丁苯	12.01	12.92	13.81	14.69	15.55	16.39	17.21	18.02
叔丁苯	12.34	13.27	14.19	15.09	15.97	16.83	17.68	18.50
联苯	12.61	13.61	14.60	15.58	16.54	17.49	18.42	19.33
名称	温度/℃							
	−50	0	50	100	150	200	250	300
氟苯	5.909	7.241	8.563	9.875	11.17	12.45	13.71	14.94

续表

名称	温度/℃							
	-50	0	50	100	150	200	250	300
碘苯	6.765	8.222	9.672	11.11	12.55	13.98	15.40	16.82
溴苯	6.173	7.563	8.953	10.34	11.71	13.08	14.42	15.76
氯苯	5.095	6.645	8.113	9.517	10.87	12.18	13.46	14.71
邻二氯苯	5.390	6.602	7.815	9.025	10.23	11.42	12.60	13.77
间二氯苯	5.383	6.602	7.815	9.025	10.23	11.42	12.60	13.76
对二氯苯	5.361	6.592	7.814	9.025	10.23	11.42	12.60	13.75
邻氯化甲苯	5.102	6.251	7.401	8.546	9.683	10.81	11.93	13.03
间氯化甲苯	5.100	6.250	7.401	8.546	9.684	10.81	11.93	13.04
对氯化甲苯	5.090	6.249	7.401	8.546	9.684	10.81	11.93	13.04
硝基苯	5.040	6.180	7.318	8.452	9.580	10.70	11.81	12.91
邻二硝基苯	4.551	5.574	6.598	7.623	8.646	9.665	10.68	11.68
间二硝基苯	4.684	5.769	6.847	7.918	8.981	10.04	11.09	12.13
对二硝基苯	4.817	5.848	6.893	7.945	9.001	10.06	11.11	12.16
二氯硝基苯	5.033	6.184	7.329	8.468	9.602	10.73	11.85	12.96
邻硝基氯苯	5.030	6.157	7.287	8.416	9.542	10.66	11.77	12.87
间硝基氯苯	5.136	6.295	7.454	8.609	9.757	10.90	12.04	13.16
对硝基氯苯	5.059	6.203	7.347	8.487	9.623	10.75	11.87	12.98
名称	温度/℃							
	350	400	450	500	550	600	650	700
氟苯	16.15	17.33	18.48	19.61	20.71	21.78	22.83	23.85
碘苯	18.23	19.64	21.06	22.47	23.85	25.17	26.45	27.70
溴苯	17.07	18.36	19.63	20.88	22.10	23.30	24.48	25.63
氯苯	15.93	17.13	18.31	19.47	20.61	21.74	22.85	23.95
邻二氯苯	14.93	16.06	17.18	18.28	19.36	20.43	21.47	22.49
间二氯苯	14.91	16.05	17.16	18.26	19.33	20.39	21.42	22.43
对二氯苯	14.97	16.11	17.15	18.26	19.33	20.39	21.42	22.44
邻氯化甲苯	14.12	15.19	16.25	17.29	18.30	19.30	20.28	21.24
间氯化甲苯	14.13	15.20	16.25	17.29	18.31	19.31	20.29	21.25
对氯化甲苯	14.13	15.20	16.26	17.29	18.31	19.31	20.30	21.26
硝基苯	13.99	15.07	16.12	17.16	18.18	19.18	20.17	21.13
邻二硝基苯	12.68	13.67	14.65	15.62	16.57	17.51	18.44	19.35
间二硝基苯	13.16	14.19	15.20	16.19	17.18	18.15	19.10	20.04
对二硝基苯	13.19	14.21	15.23	16.22	17.21	18.18	19.14	20.08
二氯硝基苯	14.06	15.15	16.22	17.28	18.32	19.34	20.36	21.35
邻硝基氯苯	13.96	15.04	16.10	17.15	18.18	19.19	20.19	21.17

续表

名称	温度/℃							
	350	400	450	500	550	600	650	700
间硝基氯苯	14.27	15.37	16.45	17.52	18.57	19.60	20.61	21.61
对硝基氯苯	14.08	15.16	16.23	17.28	18.31	19.38	20.12	20.66

名称	温度/K							
	250	300	350	400	450	500	550	600
萘			8.459	9.511	10.55	11.59	12.62	
1,2,3,4-四氢化萘	4.991	5.995	6.998	7.996	8.988	9.972	10.94	11.91

名称	温度/K							
	650	700	750	800	850	900	950	1000
萘	13.63	14.63	15.61	16.58	17.54	18.48	19.40	20.30
1,2,3,4-四氢化萘	12.86	13.80	14.72	15.63	16.52	17.40	18.26	19.10

表2 液态苯烃的黏度（Ⅰ）　　　　　单位：mPa·s

名称	温度/℃											
	−80	−60	−40	−20	0	20	40	60	80	100	120	140
苯					0.742[10]	0.638	0.485	0.381	0.308	0.255	0.215	0.184
甲苯	3.88	2.30	1.49	1.04	0.758	0.580	0.459	0.373	0.311	0.264	0.228	0.200
邻二甲苯				1.63	1.11	0.809	0.625	0.501	0.412	0.345	0.294	0.254
间二甲苯			1.59	1.10	0.806	0.615	0.491	0.404	0.339	0.289	0.249	0.217
对二甲苯						0.642	0.506	0.410	0.340	0.288	0.248	0.217
1,2,4-三甲苯			5.55	2.87	1.64	1.01	0.660	0.455	0.327	0.243	0.187	0.147
1,3,5-三甲苯			5.91	3.15	1.84	1.15	0.769	0.539	0.393	0.296	0.230	0.183
乙苯	4.55	2.68	1.73	1.20	0.874	0.666	0.525	0.426	0.354	0.300	0.259	0.226
丙苯	7.32	4.06	2.49	1.65	1.16	0.857	0.658	0.521	0.424	0.353	0.299	0.257
异丙苯	6.39	3.58	2.22	1.48	1.05	0.780	0.601	0.479	0.391	0.326	0.277	0.240
丁苯	13.4	6.56	3.64	2.22	1.46	1.03	0.779	0.612	0.496	0.410	0.350	0.300
异丁苯			3.33	2.11	1.43	1.02	0.761	0.588	0.467	0.381	0.317	0.269
仲丁苯		5.81	3.38	2.15	1.46	1.04	0.778	0.602	0.479	0.391	0.325	0.276
联苯									1.24	0.957	0.760	0.617
萘										0.776	0.637	0.533
1,2,3,4-四氯化萘			5.34	3.32	2.20	1.54	1.12	0.848	0.661	0.527	0.431	

名称	温度/℃											
	160	180	200	220	240	260	280	300	320	340	360	380
苯	0.161	0.140	0.120	0.103	0.086	0.071	0.058					
甲苯	0.177	0.164	0.144	0.124	0.106	0.090	0.075	0.061	0.055[310]			
邻二甲苯	0.224	0.199	0.179	0.160	0.139	0.121	0.103	0.087	0.073	0.059	0.053[350]	
间二甲苯	0.192	0.171	0.167	0.146	0.126	0.108	0.091	0.076	0.062	0.050		

续表

名称	温度/℃											
	160	180	200	220	240	260	280	300	320	340	360	380
对二甲苯	0.192	0.172	0.165	0.144	0.124	0.106	0.090	0.075	0.061	0.049		
1,2,4-三甲苯	0.118	0.097	0.081	0.068	0.156	0.136	0.117	0.100	0.084	0.069	0.056	
1,3,5-三甲苯	0.148	0.123	0.103	0.167	0.146	0.126	0.107	0.090	0.075	0.061	0.048	
乙苯	0.200	0.179	0.165	0.145	0.126	0.108	0.091	0.076	0.063	0.051		
丙苯	0.225	0.199	0.177	0.164	0.143	0.124	0.106	0.090	0.075	0.062	0.050	
异丙苯	0.210	0.186	0.166	0.157	0.137	0.118	0.101	0.085	0.071	0.058	0.052^{350}	
丁苯	0.262	0.232	0.207	0.187	0.164	0.143	0.124	0.106	0.090	0.075	0.062	0.050
异丁苯	0.231	0.202	0.178	0.158	0.165	0.143	0.124	0.105	0.088	0.073	0.059	0.053^{370}
仲丁苯	0.237	0.207	0.183	0.163	0.153	0.135	0.119	0.103	0.089	0.076	0.064	0.053
联苯①	0.511	0.430	0.368	0.318	0.278	0.246	0.219	0.197	0.178	0.202	0.181	0.161
萘②	0.453	0.391	0.341	0.301	0.269	0.242	0.219	0.191	0.171	0.153	0.135	0.119
1,2,3,4-四氯化萘③	0.359	0.303	0.260	0.226	0.198	0.176	0.178	0.159	0.140	0.123	0.107	0.092

① 温度为400℃、420℃、440℃、460℃、480℃、500℃、510℃时,其值分别为0.13mPa·s、0.125mPa·s、0.109mPa·s、0.094mPa·s、0.080mPa·s、0.067mPa·s和0.061mPa·s。

② 温度为400℃、420℃、440℃、460℃、470℃时,其值分别为0.103mPa·5.0.0891mPa·s、0.0760mP·s、0.0640mPa·s和0.0585mPa·s;临界值为0.034mPa·s。

③ 温度为400℃、420℃、440℃时,其值分别为0.0787mPa·s、0.0662mPa·s、0.0548mPa。

表3 液态苯烃的黏度(Ⅱ) 单位:mPa·s

名称	温度/℃												
	−20	0	20	40	60	80	100	120	140	160	180	200	220	240
氯苯	1.04	0.764	0.584	0.461	0.375	0.312	0.265	0.229	0.200	0.173	0.150	0.128	0.109	0.091
碘苯	3.09	2.19	1.62	1.25	0.993	0.811	0.676	0.574	0.496	0.434	0.384	0.343	0.310	0.282
溴苯	2.12	1.51	1.13	0.876	0.700	0.574	0.480	0.409	0.355	0.311	0.276	0.248	0.224	0.222
氯化苯	1.44	1.05	0.804	0.635	0.515	0.428	0.363	0.313	0.274	0.243	0.217	0.196	0.179	0.157
邻二氯化苯		1.96	1.42	1.08	0.844	0.680	0.560	0.471	0.402	0.349	0.306	0.272	0.244	0.220
间二氯化苯	2.29	1.66	1.26	0.987	0.797	0.660	0.557	0.479	0.417	0.368	0.329	0.296	0.269	0.247
对二氯化苯					0.742	0.634	0.551	0.486	0.433	0.391	0.356	0.326	0.301	0.280
邻氯化甲苯	2.07	1.36	0.943	0.686	0.519	0.405	0.325	0.266	0.222	0.189	0.163	0.142	0.125	0.112
间氯化甲苯	2.52	1.67	1.17	0.862	0.657	0.517	0.417	0.344	0.289	0.246	0.213	0.187	0.166	0.148
对氯化甲苯			0.870	0.690	0.563	0.470	0.400	0.346	0.304	0.270	0.242	0.219	0.200	0.184
硝基苯		2.910^3	2.030	1.46	1.11	0.870	0.700	0.576	0.483	0.411	0.355	0.311	0.275	0.246
邻二硝基苯							1.57	1.21	0.952	0.766	0.627	0.522	0.441	
间二硝基苯						1.75	1.32	1.02	0.812	0.658	0.542	0.454	0.386	
对二硝基苯										0.653	0.538	0.451	0.383	
邻硝基氯苯			2.55	1.74	1.24	0.917	0.699	0.547	0.438	0.358	0.297	0.250	0.214	0.185
间硝基氯苯					1.62	1.23	0.970	0.782	0.643	0.539	0.458	0.395	0.345	0.304

续表

名称	温度/℃													
	-20	0	20	40	60	80	100	120	140	160	180	200	220	240
对硝基氯苯							0.860	0.675	0.543	0.445	0.372	0.315	0.271	0.235
乙烯苯		1.047	0.749	0.565	0.453		0.309							
三氯甲苯		3.070[10]	2.550[17]											
单异丙基联苯			14.10	6.290	3.470	2.220	1.570	0.930	0.628	0.690	0.616	0.456	0.375	0.330
导热姆			0.430	0.252	0.173	0.128	0.091	0.078	0.063	0.053	0.045	0.039	0.034	0.030
邻硝基甲苯		3.830	2.370	1.630	1.210									
间硝基甲苯			2.330	1.600	1.180									
对硝基甲苯					1.200									

名称	温度/℃													
	260	280	300	320	340	360	380	400	420	440	460	480	500	520
氟苯	0.074	0.060												
碘苯	0.258	0.246	0.221	0.197	0.171	0.153	0.133	0.115	0.098	0.082				
溴苯	0.197	0.174	0.152	0.132	0.113	0.096	0.080							
氯化苯	0.137	0.118	0.101	0.085	0.071									
邻二氯化苯	0.204	0.182	0.161	0.142	0.123	0.106	0.091	0.077	0.064					
间二氯化苯	0.183	0.163	0.143	0.125	0.108	0.093	0.078	0.066						
对二氯化苯	0.189	0.168	0.148	0.129	0.111	0.095	0.081	0.067						
邻氯化甲苯	0.135	0.12	0.108	0.096	0.085	0.074	0.064							
间氯化甲苯	0.136	0.123	0.110	0.098	0.086	0.076	0.066							
对氯化甲苯	0.137	0.123	0.110	0.098	0.087	0.076	0.066							
硝基苯	0.221	0.416	0.368	0.322	0.280	0.241	0.205	0.172	0.142	0.115				
邻二硝基苯	0.377	0.326	0.285	0.251	0.224	0.280	0.250	0.222	0.195	0.170	0.147	0.125	0.105	0.087
间二硝基苯	0.332	0.288	0.253	0.224	0.283	0.251	0.222	0.194	0.168	0.144	0.122	0.102	0.083	0.066
对二硝基苯	0.329	0.286	0.251	0.223	0.279	0.248	0.219	0.192	0.166	0.142	0.120	0.100	0.082	0.065
邻硝基氯苯	0.162	0.143	0.223	0.197	0.173	0.150	0.129	0.110	0.092	0.076	0.061			
间硝基氯苯	0.271	0.243	0.235	0.208	0.183	0.159	0.137	0.116	0.098	0.081	0.065			
对硝基氯苯	0.207	0.183	0.245	0.217	0.192	0.167	0.145	0.124	0.105	0.088	0.072			
单异丙基联苯	0.289	0.254	0.224	0.198	0.175	0.155	0.138	0.124						

附录6 常用有机物的表面张力

表1 液态芳烃的表面张力（Ⅰ）　　单位：mN/m

名称	温度/℃											
	-60	-40	-20	0	20	40	60	80	100	120	140	160
苯				31.60	28.80	26.25	23.74	21.27	18.85	16.49	14.17	11.92

续表

名称	温度/℃											
	−60	−40	−20	0	20	40	60	80	100	120	140	160
甲苯	38.14	35.70	33.28	30.89	28.54	26.22	23.94	21.69	19.49	17.34	15.23	13.17
邻二甲苯			34.70	32.50	30.33	28.18	26.06	23.97	21.91	19.88	17.88	15.93
间二甲苯		35.84	33.57	31.33	29.12	26.94	24.78	22.67	20.58	18.54	16.54	14.57
对二甲苯				29.9^5	28.07	26.00	23.95	21.94	19.95	18.00	16.08	14.20
1,2,3-三甲苯			32.16	30.29	28.45	26.62	24.81	23.02	21.26	19.52	17.81	16.12
1,2,4-三甲苯		35.68	33.63	31.61	29.60	27.61	25.65	23.72	21.81	19.92	18.07	16.25
1,3,5-三甲苯			34.86	32.80	30.76	28.74	26.75	24.78	22.84	20.92	19.04	17.18	15.36
乙苯	38.19	35.93	33.69	31.49	29.30	27.14	25.01	22.92	20.85	18.81	16.82	14.86
丙苯	37.41	35.27	33.15	31.06	29.00	26.96	24.94	22.96	21.01	19.09	17.20	15.35
异丙苯	36.47	34.39	32.33	30.28	28.26	26.27	24.30	22.35	20.43	18.55	16.69	14.87
丁苯	36.69	34.73	32.79	30.87	28.97	27.08	25.22	23.38	21.57	19.78	18.02	16.28
异丁苯		32.91	31.02	29.16	27.31	25.48	23.68	21.90	20.14	18.41	16.70	15.03
仲丁苯	35.79	33.90	32.02	30.16	28.31	26.49	24.69	22.91	21.16	19.42	17.72	16.04
叔丁苯		33.44	31.57	29.72	27.88	26.07	24.28	22.51	20.76	19.03	17.34	15.67

名称	温度/℃											
	180	200	220	240	260	280	300	320	340	360	380	$E_k^①$
苯	9.737	7.634	5.623	3.727	1.984	0.485						2.22
甲苯	11.17	9.231	7.365	5.582	3.898	2.339	0.958					2.2
邻二甲苯	14.01	12.13	10.30	8.525	6.809	5.162	3.600	2.145	0.846			
间二甲苯	12.66	10.80	8.992	7.250	5.582	4.000	2.526	1.199	0.128			2.25
对二甲苯	12.35	10.56	8.813	7.122	5.497	3.948	2.497	1.178	0.102			
1,2,3-三甲苯	14.46	12.84	11.24	9.686	8.171	6.701	5.283	3.927	2.645	1.462	0.431	
1,2,4-三甲苯	14.46	12.71	10.99	9.323	7.701	6.136	4.634	3.210	1.887	0.710	0.216^{370}	14.46
1,3,5-三甲苯	13.57	11.82	10.12	8.455	6.848	5.302	3.828	2.444	1.184	0.142		13.57
乙苯	12.94	11.07	9.251	7.490	5.796	4.181	2.665	1.286	0.148			12.94
丙苯	13.54	11.78	10.06	8.392	6.783	5.241	3.779	2.414	1.181	0.170		13.54
异丙苯	13.08	11.34	9.639	7.984	6.386	4.853	3.397	2.041	0.827			13.08
丁苯	14.58	12.91	11.27	9.676	8.122	6.616	5.165	3.780	2.476	1.280	0.263	14.58
异丁苯	13.38	11.77	10.19	8.653	7.161	5.718	4.334	3.021	1.799	0.707	0.244^{370}	13.38
仲丁苯	14.38	12.76	11.18	9.628	8.119	6.655	5.243	3.893	2.617	1.440	0.415	14.38
叔丁苯	14.02	12.41	10.84	9.301	7.804	6.353	4.956	3.623	2.367	1.217	0.241	14.02
联苯②	24.66	22.91	21.18	19.48	17.79	16.14	14.51	12.92	11.35	9.821	8.350	24.66

① E 为常数。
② 温度为 400℃、420℃、440℃、460℃、480℃、500℃时，其值分别为 6.883mN/m、5.484mN/m、4.144mN/m、2.872mN/m、1.690mN/m 和 0.639mN/m。

表 2 液态芳烃的表面张力（Ⅱ）　　单位：mN/m

名称	温度/℃													
	−20	0	20	40	60	80	100	120	140	160	180	200	220	240
氟苯	32.16	29.67	27.20	24.77	22.39	20.04	17.74	15.49	13.29	11.15	9.073	7.076	5.170	3.376
碘苯	43.46	41.20	38.97	36.75	34.56	32.40	30.26	28.15	26.06	24.01	21.99	20.00	18.05	16.19
溴苯	40.43	38.07	35.74	33.44	31.16	28.92	26.70	24.52	22.37	20.26	18.19	16.17	14.18	12.25
氯化苯	36.31	32.80	30.49	28.21	25.96	23.75	21.57	19.42	17.32	15.25	13.23	11.26	9.350	7.501
邻二氯化苯		38.82	36.64	34.47	32.33	30.21	28.11	26.05	24.00	21.99	20.01	18.06	16.14	14.26
间二氯化苯	40.51	38.26	36.04	33.84	31.66	29.51	27.38	25.28	23.21	21.17	19.17	17.19	15.26	13.36
对二氯化苯					30.76	28.68	26.62	24.58	22.58	20.60	18.65	16.74	14.86	13.03
邻氯化甲苯	37.49	35.41	33.35	31.31	29.30	27.30	25.33	23.38	21.46	19.57	17.71	15.88	14.09	12.33
间氯化甲苯	36.49	34.13	31.82	29.56	27.35	25.19	23.08	21.03	19.04	17.10	15.23	13.42	11.68	10.01
对氯化甲苯			32.27	29.96	27.71	25.50	23.35	21.26	19.23	17.26	15.36	13.52	11.76	10.07
硝基苯			45.32	42.73	40.17	37.63	35.13	32.66	30.22	27.82	25.46	23.13	20.85	18.61
邻二硝基苯								38.76	36.99	35.21	33.44	31.65	29.88	28.11
间二硝基苯							41.60	39.69	37.78	35.87	33.96	32.05	30.14	28.23
对二硝基苯										34.01	32.40	30.79	29.17	
2,5-二氯硝基苯				41.67	39.36	37.09	34.84	32.61	30.42	28.25	26.11	24.00	21.92	
邻硝基氯苯			43.33	41.00	38.68	36.39	34.12	31.88	29.66	27.47	25.31	23.18	21.08	
间硝基氯苯				40.67	38.25	35.85	33.49	31.16	28.85	26.58	24.35	22.15	20.00	
对硝基氯苯					36.05	33.77	31.52	29.29	27.09	24.92	22.78	20.68		
萘							31.77	29.56	27.34	25.13	22.91	20.70	18.91	17.14
1,2,3,4-四氢化萘	37.46	35.55		31.73	29.83	27.92	26.08	24.28	22.50	20.75	19.02	17.32	15.64	14.00

名称	温度/℃												E_k
	260	280	300	320	340	360	380	400	420	440	460	480	500	
氟苯	1.733	0.338												
碘苯	14.26	12.42	10.64	8.911	7.240	5.637	4.113	2.687	1.391	0.301				2.18
溴苯	10.37	8.552	6.80	5.128	3.551	2.094	0.809							2.19
氯化苯	5.725	4.037	2.462	1.045										2.21
邻二氯化苯	12.42	10.63	8.885	7.195	5.570	4.021	2.567	1.243	0.148					
间二氯化苯	11.51	9.703	7.954	6.267	4.653	3.128	1.721	0.496						
对二氯化苯	11.23	9.481	7.785	6.148	4.581	3.100	1.731	0.534						
邻氯化甲苯	10.62	8.946	7.326	5.764	4.270	2.859	1.559							
间氯化甲苯	8.422	6.916	5.500	4.184	2.980	1.905	0.986							
对氯化甲苯	8.468	6.949	5.524	4.201	2.994	1.918	1.001							
硝基苯	16.42	14.28	12.20	10.18	8.228	6.361	4.589	2.935	1.440	0.213				
邻二硝基苯	26.33	24.56	22.78	21.00	19.23	17.45	15.68	13.90	12.12	10.35	8.572	6.796	5.020	
间二硝基苯	26.32	24.41	22.50	20.59	18.68	16.77	14.86	12.95	11.04	9.130	7.220	5.310	3.400	

续表

名称	温度/℃													E_k
	260	280	300	320	340	360	380	400	420	440	460	480	500	
对二硝基苯	27.56	25.94	24.33	22.72	21.10	19.49	17.87	16.26	14.65	13.03	11.42	9.804	8.190	
2,5-二氯硝基苯	19.89	17.88	15.92	14.00	12.13	10.31	8.545	6.845	5.219	3.681	2.254	0.981	0.010	
邻硝基氯苯	19.02	16.99	15.00	13.05	11.16	9.312	7.526	5.808	4.172	2.638	1.245	0.108		
间硝基氯苯	17.87	15.80	13.78	11.81	9.893	8.045	6.271	4.585	3.007	1.570	0.358			
对硝基氯苯	18.61	16.57	14.58	12.63	10.73	8.891	7.109	5.399	3.775	2.263	0.910			
萘	15.41	13.71	12.04	10.41	8.822	7.280	5.791	4.364	3.011	1.755	0.641	0.068^{470}		
1,2,3,4-四烃化萘	12.38	10.80	9.260	7.759	6.306	4.907	3.571	2.316	1.168	0.201				

表3 其他芳烃的表面张力 单位：mN/m

名称	温度/℃						E_k
	0	20	40	60	80	100	
乙烯苯		32.0					
对异丙基甲苯	29.5^5	28.1			20.7		2.3
对溴甲苯			32.3	30.1	28.0	26	20^{164}
对氯甲苯		32.6	30.3	28.0	25.9	23.8	19.1^{151}
对氯溴苯				34	32	30	20^{194}
硝基苯	46.4	43.9			34.4		2.2
碘苯	40.3^{15}	39.7			30.6		2.18
吡啶	40.8	38.2			26.4		2.3
喹啉		45.0			35.8	25.1^{200}	2.4

注：右上角数字为与相对应的温度（℃）。

表4 芳烃与有机溶剂混合物的表面张力 单位：mN/m

溶质	溶剂	温度/℃	溶质(质量分数)/%								
			10	20	30	40	50	60	70	80	90
苯	乙酸	35			26.04	25.62	25.48	25.39	25.26	25.19	25.42
	萘			31.7	30.7	29.2	27.8	26.7	25.5	23.4	
	四氯化碳	79.5	23.16	23.44	23.61	23.84	24.14	24.40	24.39		
硝基苯	环己烷	15								37.695	33.0
萘	苯	79.5		23.4	25.5	26.7	27.8	29.2	30.7	31.7	
	硝基苯酚	121	29.9	29.3	31.9	33.5	33.7	35.6	45.0		

表5 芳烃与水或泵的界面张力（20℃） 单位：mN/m

名称	苯	氯苯	乙苯	硝基苯	甲苯	邻二甲苯	间二甲苯	对二甲苯
水	35.0	37.4	$31.4^{①}$	25.7	$36.1^{②}$	36.1		37.8
泵	357			350	359	359	357	361

① 温度为18℃。
② 温度为25℃。

表 6 三氯萘的熔点

名称	1,2,3-	1,2,4-	1,2,5-	1,2,6-	1,2,7-	1,2,8-	1,3,5-	1,3,6-
熔点/℃	81	92	78	97	88	83.5	103	80.5
名称	1,3,6-	1,3,7-	1,3,8-	1,4,5-	1,4,6-	1,6,7-	2,3,6-	2,3,7-
熔点/℃	80.5	113	89.5	133	65-66	109.5	91	90

注：1,2,3-代表1,2,3-三氯萘，其他类同。

附录 7 常用有机物的蒸气压

表 1 液态苯烃的蒸气压（Ⅰ）　　　单位：kPa

名称	温度/℃										
	−20	0	20	40	60	80	100	120	140	160	180
苯	0.770	3.370	10.03	24.37	52.19	101.0	180.0	300.3	480.2	712.6	1031
甲苯		1.657[10]	2.911	7.887	18.52	38.82	74.17	131.3	218.1	308.5	520.3
邻二甲苯	0.032	0.167	0.652	2.046	5.441	12.66	26.47	50.64	90.04	150.5	239.3
间二甲苯	0.051	0.216	0.894	2.542	6.588	15.10	31.15	58.94	103.8	172.1	271.7
对二甲苯			0.866	2.646	6.858	15.62	32.06	60.37	105.9	174.9	275.6
1,2,3-三甲苯					1.576	4.106	9.441	19.61	37.43	66.60	111.6
1,2,4-三甲苯					2.044	5.207	11.75	24.01	45.20	79.44	131.8
1,3,5-三甲苯				1.421[50]	2.381	6.011	13.47	27.34	51.20	89.58	148.0
乙苯	0.020[−30]	0.253	0.943	2.865	7.394	16.77	34.25	64.21	112.1	184.4	288.6
丙苯				1.891[50]	3.118	7.633	16.63	32.94	60.30	103.4	167.6
异丙苯	0.019	0.108	0.445	1.467	4.041	9.671	14.32	40.26	72.64	122.9	196.9
丁苯		0.019	0.096		1.965[50]	3.163	7.452	15.78	30.60	55.15	93.44
异丁苯					1.894	4.830	10.89	22.21	41.69	73.04	120.7
仲丁苯					1.846	4.718	10.66	21.79	40.99	71.96	119.2
叔丁苯					2.148	5.435	12.17	24.66	46.02	80.19	131.9
联苯								1.504	3.456	7.246	14.06
单异丙基联苯							0.200	0.495	1.175	2.550	5.256
萘							2.466	5.610	11.59	22.10	39.38
1,2,3,4-四氢化萘							3.521	7.777	15.68	29.31	51.35
名称	温度/℃										
	200	220	240	260	280	300	320	340	360	380	400
苯	1444	1966	2617	3417	4393						
甲苯	755.3	1062	1452	1940	2543	3280	3707[310]				

续表

名称	温度/℃										
	200	220	240	260	280	300	320	340	360	380	400
邻二甲苯	363.8	532.3	754.1	1039	1398	1844	2390	3054			
间二甲苯	410.4	597.5	842.6	1157	1552	2043	2646	3382			
对二甲苯	415.2	603.2	849.2	1164	1559	2049	2651	3384			
1,2,3-三甲苯	177.9	272.7	401.8	573.2	795.1	1077	1428	1862	2392	3034	
1,2,4-三甲苯	208.3	315.5	461.2	653.3	901.1	1215	1605	2086	2674	3015^{370}	
1,3,5-三甲苯	233.1	352.2	513.5	726.2	1000	1347	1781	2316	2973		
乙苯	432.8	626.1	878.0	1199	1601	2098	2706	3445			
丙苯	259.4	386.0	554.7	774.4	1055	1404	1838	2367	3012		
异丙苯	301.4	443.3	629.1	870.6	1176	1557	2025	2595	2926^{350}		
丁苯	150.2	230.7	341.4	489.2	681.3	926.5	1234	1614	2081	2648	
异丁苯	189.8	294.0	431.9	614.9	851.8	1153	1529	1994	2564	2894^{370}	
仲丁苯	187.7	273.3	392.7	547.8	744.6	989.5	1291	1655	2095	2621	
叔丁苯	200.8	296.8	424.1	588.5	796.0	1054	1369	1750	2208	2756	
联苯①	25.55	43.88	71.74	112.4	169.8	248.1	345.8	476.0	640.5	844.9	1095
单异丙基联苯	10.26	18.94	33.19	55.00	89.44	137.5	209.3	304.1	435.4	608.0	825.7
萘②	49.71	106.1	162.9	289.2	344.4	478.4	648.6	860.9	1122	1440	
1,2,3,4-四氢化萘③	85.17	134.7	203.0	296.9	420.9	580.6	782.4	1032	1339	1709	

① 温度为420℃、440℃、460℃、480℃、500℃时，其值分别为1398kPa、1760kPa、2191kPa、2700kPa和3300kPa。
② 温度为400℃、420℃、440℃、460℃、470℃时，其值分别为1822kPa、2280kPa、2826kPa、3476kPa、3845kPa。
③ 温度为400℃、420℃、440℃、460℃、470℃时，其值为2153kPa、2681kPa、3310kPa。

表2 液态苯烃的蒸气压（Ⅱ）　　　　单位：kPa

名称	温度/℃										
	40	60	80	100	120	140	160	180	200	220	240	260
氟苯	19.83	43.32	85.69	156.3	263.3	420.8	641.0	937.8	1326	1822	2445	3218
碘苯			2.865	6.683	14.07	27.17	48.89	82.79	132.6	202.7	298.2	424.8
溴苯	1.328	3.673	8.807	18.83	36.68	66.12	111.8	178.9	277.9	410.9	587.0	814.1
氯化苯	3.520	8.850	19.66	39.48	73.02	126.1	206.0	320.5	477.8	687.1	958.0	1301
邻二氯化苯			1.445	3.726	8.516	17.62	33.60	59.77	100.3	160.0	242.6	355.9	505.2
间二氯化苯			1.909	4.757	10.61	21.60	40.71	71.90	120.1	191.4	282.1	408.2	572.7
对二氯化苯			1.806	4.607	10.41	21.29	40.12	70.57	117.1	185.0	277.1	403.1	568.1
邻氯化甲苯	1.107	3.085	7.505	16.33	32.42	59.54	102.5	166.8	259.2	386.6	556.8	778.2
间氯化甲苯	1.657	2.853	6.986	15.30	30.47	56.22	97.09	158.6	247.0	369.3	533.1	746.6
对氯化甲苯		2.792	6.843	14.99	29.93	55.31	95.60	156.3	243.6	364.6	526.6	737.9

续表

名称	温度/℃										
	40	60	80	100	120	140	160	180	200	220	240	260
硝基苯				0.903	2.406	5.702	12.25	24.20	44.57	77.24	127.1	200.0	302.4
邻二硝基苯								1.475	3.268	6.701	12.85	23.25
间二硝基苯							1.109	2.592	5.557	11.07	20.68	36.57
对二硝基苯								2.803	5.970	11.81	21.96	38.62
2,5-二氯硝基苯						1.933	4.345	8.974	17.23	31.08	53.10	86.54
邻硝基氯苯					1.699	3.983	8.506	16.78	30.92	53.75	88.84	140.5
间硝基氯苯				0.938	2.389	5.470	11.45	22.15	40.16	68.81	112.2	175.5
对硝基氯苯					1.931	4.487	9.506	18.62	34.11	58.97	96.96	152.7
导热姆		0.083	0.257	0.695	1.687	3.736	7.630	14.55	26.09	44.22	72.28	112.8
乙烯苯	1.970	5.152	12.02	25.41	49.10	88.15						

名称	温度/℃										
	280	300	320	340	360	380	400	420	440	460	480	500
碘苯	588.0	794.5	1051	1366	1746	2204	2751	3403	4176			
溴苯	1101	1456	1888	2411	3037	3782						
氯化苯	1726	2248	2880	3642								
邻二氯化苯	697.2	939.0	1238	1602	2042	2568	3193	3932				
间二氯化苯	782.1	1043	1364	1754	2222	2779	3440					
对二氯化苯	779.0	1043	1369	1766	2242	2812	3490					
邻氯化甲苯	1060	1412	1846	2373	3012	3780						
间氯化甲苯	1018	1358	1778	2279	2906	3649						
对氯化甲苯	1007	1344	1760	2265	2877	3612						
硝基苯	442.1	627.5	867.7	1173	1555	2027	2602	3301	4143			
邻二硝基苯	39.98	69.80	103.9	158.5	234.6	337.7	474.5	652.2	879.2	1165	1520	1958
间二硝基苯	61.59	99.34	154.4	232.0	338.5	481.3	668.6	909.9	1216	1600	2075	2658
对二硝基苯	64.73	104.0	161.0	241.0	350.6	496.9	688.3	934.4	1246	1635	2117	2708
2,5-二氧硝基苯	135.3	204.1	298.2	423.6	587.2	796.4	1060	1386	1787	2275	2865	3575
邻硝基氯苯	213.7	314.5	449.4	625.5	851.1	1135	1487	1920	2445	3080	3842	
间硝基氯苯	264.2	385.1	545.6	753.8	1019	1351	1762	2264	2875	3611		
对硝基氯苯	231.4	339.2	483.2	670.7	910.1	1212	1584	2041	2596	3267		
导热姆	169.7	247.1	350.1	483.5	651.2	859.1	1111					

表3 液态苯烃的蒸气压（$p \leq 101.3 \text{kPa}$）

名称	分子式	0.1	0.2	0.4	0.7	1	1.7	4	7	10	20	40	70	101.3	熔点/℃
		相应于上述蒸气压强（kPa）的温度/℃													
甲苯	C_7H_8	−29.9	−21.6	−12.1	−3.7	1.7	12.9	25.6	37	44.9	61.2	80.7	98.2	110.6	−95
乙苯	C_8H_{10}	−13.2	−4.3	5.8	14.6	20.7	32.8	46.3	58.3	66.7	84	104.5	123.1	136.2	−94.9
丙苯	C_9H_{12}	2.6	12.1	22.8	32.1	38.2	50.7	64.9	77.5	86.2	104.4	126	145.5	159.2	−99.5
异丙苯	C_9H_{12}	−0.6	8.4	18.6	27.5	33.3	45.5	59.4	71.8	80.5	98.3	119.6	138.8	152.4	−96
丁苯	$C_{10}H_{14}$	18.8	28.8	39.9	49.6	56.3	69.9	85.1	98.7	108	127.3	149.4	169.1	183.1	−88
异丁苯	$C_{10}H_{14}$	10.2	20.3	31.5	41.3	48	61.5	76.3	89.5	98.8	117.8	139.8	159.2	172.8	−51.5
仲丁苯	$C_{10}H_{14}$	14.8	24.6	35.5	45	51.5	64.5	79.1	92.3	101.4	119.8	140.9	159.9	173.5	−75.5
叔丁苯	$C_{10}H_{14}$	9.2	19.1	30.2	39.8	46.2	59.3	73.9	86.9	95.9	114.4	136.1	155.2	168.5	−58
仲戊苯	$C_{11}H_{16}$	25	35.3	46.7	56.6	63.4	77.2	92.7	106.5	115.9	135.4	158	178.4	193	
庚苯	$C_{13}H_{20}$	59.3	71.2	84.3	95.6	103.4	118.9	135.9	150.7	161	182.7	207.1	228.7	244	
2−乙基甲苯	C_9H_{12}	5.7	15.3	26.1	35.6	42.1	55.1	69.5	82.3	91.2	109.7	131.6	151.3	165.1	−95.5
3−乙基甲苯	C_9H_{12}	3.5	13	23.7	33.1	39.4	52.1	66.4	79.2	88.1	106.4	128	147.6	161.3	
4−乙基甲苯	C_9H_{12}	3.9	13.4	24.1	33.5	39.6	52.4	66.7	79.5	88.4	106.9	127.5	147.1	162	
2−乙基1,4−二甲苯	$C_{10}H_{14}$	21.8	31.8	43.1	52.9	59.8	73.4	88.7	102.3	111.7	130.8	153.1	173	186.9	
4−乙基1,3−二甲苯	$C_{10}H_{14}$	22.3	32.5	43.9	53.8	60.6	74.2	89.7	103.5	112.9	132.3	154.5	174.4	188.4	
5−乙基1,3−二甲苯	$C_{10}H_{14}$	18.1	28.3	39.7	49.6	56.4	70	85.3	99.1	108.4	127.7	149.9	169.6	183.7	
3−乙基异丙基苯	$C_{11}H_{16}$	24.2	34.7	46.3	56.3	63.1	77	92.5	106.3	115.9	135.6	158.2	178.5	193	
4−乙基异丙基苯	$C_{11}H_{16}$	27.5	37.8	49.3	59.3	66.2	80.1	95.8	109.8	119.2	138.5	161.5	181.8	195.8	
乙氧基苯	$C_8H_{10}O$	14.3	24.1	35	44.5	50.9	64	79.2	92	100.6	118.8	140.2	159	172	−30.2
3,5−二乙基甲苯	$C_{11}H_{16}$	29.9	40.4	52.2	62.4	69.4	83.5	99.4	113.7	123.3	142.8	166	186.6	200.7	
邻二乙基苯	$C_{10}H_{14}$	18.4	28.5	39.7	49.5	56.3	69.9	85.2	98.8	108	127.2	149.2	169.2	183.5	−31.4
间二乙基苯	$C_{10}H_{14}$	16.8	26.8	37.9	47.6	54.3	67.9	83.2	96.8	106.2	125.3	147.2	167	181.1	−83.9

续表

名称	分子式	0.1	0.2	0.4	0.7	1	2	4	7	10	20	40	70	101.3	熔点/℃
		相应于上述蒸气压强(kPa)的温度/℃													
对二乙基苯	$C_{10}H_{14}$	16.8	26.9	38.1	47.9	54.6	68.2	83.7	97.4	106.9	126.5	149	169.3	183.8	−43.2
1,3-二乙烯基苯	$C_{10}H_{10}$	28.6	39.1	50.7	60.9	67.9	82	97.9	112	121.6	141.5	164.8	185.3	199.5	−66.9
1,2-二异丙基苯	$C_{12}H_{18}$	35.8	46.5	58.4	68.7	75.8	90.1	106.3	120.4	130.1	150	173.6	194.6	209	−105
1,3-二异丙基苯	$C_{12}H_{18}$	30.6	41.2	52.9	63.2	70.1	84.4	100.4	114.3	123.9	143.8	167.2	187.7	202	−105
邻二甲苯	C_8H_{10}	−7.3	1.8	12	20.9	27	39.2	52.9	65.2	73.8	91.4	112.3	131.1	144.4	−25.2
间二甲苯	C_8H_{10}	−10.3	−1.4	8.7	17.5	23.3	35.3	48.8	60.9	69.3	86.7	107.4	126	139.1	−47.9
对二甲苯	C_8H_{10}	−11.5	−2.7	7.4	16.2	22.2	34.3	47.9	60	68.4	85.8	106.6	125.2	138.3	13.3
2,4-二胺基甲苯	$C_7H_{10}N_2$	101.8	113.7	126.9	138.1	145.5	160.7	177.7	192.2	202.4	223	245.9	266	280	99
α,α-二氯甲苯	$C_7H_6Cl_2$	31.1	42.1	54.3	64.9	72.4	87.3	104.1	119.2	129.4	150.4	175.6	198.2	214	−16.1
1,2-二氯-3-乙苯	$C_8H_8Cl_2$	41.6	52.8	65.2	76	83.6	98.8	115.8	130.8	141	161.8	186.1	207.4	222.1	−40.8
1,2-二氯-4-乙苯	$C_8H_8Cl_2$	42.4	54.1	67	78.2	85.8	101.9	119.5	134.7	144.8	165.6	190.5	212.1	226.6	−76.4
1,2-二氯-2-乙苯	$C_8H_8Cl_2$	34	45.4	58	69	76.7	92.4	109.9	124.9	135.1	156	180.5	201.8	216.3	−61.2
邻二氯苯	$C_6H_4Cl_2$	16.2	26.1	37.2	46.8	53.5	67	82.2	95.7	104.9	123.9	146	165.4	179	−17.6
间二氯苯	$C_6H_4Cl_2$	8.1	18.4	29.9	39.8	46.4	59.8	74.8	88.3	97.3	116.2	138.9	159	173	−24.2
对二氯苯	$C_6H_4Cl_2$						62.6	77.7	91.3	100.5	119	140.6	160.1	173.9	53
3,4-二氯-α,α,α-三氟甲苯	$C_2H_3Cl_2F_3$	6.9	17.4	29	39.2	46.2	60.5	76.5	90.9	100.7	119.8	141.1	159.8	172.8	−12.1
1,2-二氯四乙基苯	$C_{14}H_{20}Cl_2$	100.5	113.4	127.6	139.8	148	164.7	183.4	200.2	211.3	234.3	261	285	302	
1,4-二氯乙基苯	$C_{14}H_{20}Cl_2$	86.4	99.9	114.6	127.3	136.3	154	173.8	191.2	202.4	226.5	254	278.6	296.5	
1,2-二溴乙苯	$C_8H_{10}Br_2$	127.7	141.5	156.5	169.4	178.4	196.9	217.2	234.9	246.7	271.3	300.2	325.1	342	
对二溴代苯	$C_6H_4Br_2$	58.5	65.1	72.9	79.8	84	96.5	113.1	127.5	137.6	158.4	182	203.4	218.6	87.5
1,2,3-三甲基苯	C_9H_{12}	12.9	22.9	34	43.7	50.3	63.6	78.4	91.5	100.7	119.6	142	162	176.1	−25.5
1,2,4-三甲基苯	C_9H_{12}	10	19.3	29.9	39.1	45.4	58.3	72.9	85.8	94.8	113.4	135.5	155.3	169.2	44.1

续表

名称	分子式	相应于上述蒸气压强(kPa)的温度/℃											熔点/℃
		0.1	0.2	0.4	0.7	1	2	4	7	10	20	40	70	101.3	
1,3,5-三甲基苯	C_9H_{12}	5.9	15.4	26.1	35.5	41.9	54.9	69.2	82.1	91	109.4	131.2	150.9	164.7	−44.8
1,2,4-三乙基苯	$C_{12}H_{18}$	41.8	52.6	64.7	75.1	82.4	97.1	113.8	128.2	138.1	158.4	182.7	203.8	218	
1,3,4-三乙基苯	$C_{12}H_{18}$	43.7	54.5	66.5	76.9	84.1	98.8	115	129.3	139.2	158.8	182.4	203.3	217.5	
1,2,4-三甲基-5-乙基苯	$C_{11}H_{16}$	39.6	50.1	61.9	72	78.8	92.9	102.8	119.1	131.9	151	174	194.3	208.1	
1,3,5-三甲基-2-乙基苯	$C_{11}H_{16}$	34.6	45.4	57.5	67.9	74.7	89.1	105.5	119.8	129.5	148.9	172.6	193.7	208	
1,2,3-三氯苯	$C_6H_3Cl_3$	35.4	47.1	59.9	71	78.9	94.6	111.7	127.2	137.3	158	182.5	203.9	218.5	52.5
1,2,4-三氯苯	$C_6H_3Cl_3$	34	45.2	57.5	68.2	75.5	90.3	106.9	121.6	131.5	151.9	176.5	198.2	213	17
1,3,5-三氯苯	$C_6H_3Cl_3$				64.7	71.9	86.7	103.1	117.7	127.5	147.7	172	193.6	208.4	63.5
α,α,α-三氟甲苯	$C_7H_5F_3$	−35.1	−27	−17.8	−9.6	−4.2	6.8	19.5	30.8	38.4	54.4	73.4	90.4	102.2	−29.3
α,α,α-三氯甲苯	$C_7H_5Cl_3$	41.6	52.3	64.2	74.6	81.6	95.9	112.1	126.1	135.8	155.8	178.9	199.3	213.5	−21.2
1,2,3,4-四甲基苯	$C_{10}H_{14}$	38.7	48.7	59.8	69.5	76.2	89.5	104.4	117.9	127.4	146.4	169.4	190.1	204.4	−6.2
1,2,3,5-四甲基苯	$C_{10}H_{14}$	36.9	46.5	57.2	66.5	72.6	85	99.1	111.7	120.5	139.9	163.3	183.8	197.9	−24
1,2,4,5-四甲基苯	$C_{10}H_{14}$	42.2	49.5	58.1	65.6	70.4	81.9	96.9	110.1	120.1	139.6	162.2	182	195.9	79.5
1,2,3,4-四乙基苯	$C_{14}H_{22}$	61.1	72.9	85.9	97.2	105	120.5	137.7	152.6	163.1	185.2	210.4	232.5	248	11.6
1,2,3,4-四氯苯	$C_6H_2Cl_4$	63.7	75.8	89.1	100.6	108.1	123.9	141.1	155.9	166.4	187.7	213.6	237.4	254	46.5
1,2,3,5-四氯苯	$C_6H_2Cl_4$	53.5	65.5	78.6	90	97.6	113.8	131.8	147.6	158.5	182	208.6	230.8	246	54.5
1,2,4,5-四氯苯	$C_6H_2Cl_4$	71.9	84.8	98.9	111	119.2	135.9	153.9	153.4	164.1	185.7	209.8	230.7	245	139
3,4,5,6-四氯-4-乙基苯	$C_8H_6Cl_4$	89.7	101.6	114.7	126	133.8	149	166.1	170.3	181.8	204.5	231	254.2	270	
3,4,5,6-四氯-1,2-二甲基苯	$C_8H_6Cl_4$	80.7	94.1	108.6	121	129	145	163.2	181.5	191.7	212.7	237.3	258.8	273.5	
五乙基苯	$C_{16}H_{26}$	84.8	98	112.5	124.9	133.5	150.4	169.3	179.7	190.6	213.1	238.9	261.4	277	
五乙基氯苯	$C_{16}H_{25}Cl$								186.3	197.9	220	245.5	268.8	285	
五氯乙基苯	$C_8H_8Cl_5$	91	104.2	118.7	131.2	140.3	158	177.2	194.3	205.9	230.1	257.4	281.7	299	

续表

名称	分子式	相应于上述蒸气压强(kPa)的温度/℃												熔点/℃
		0.1	0.2	0.4	0.7	1	2	4	7	10	20	40	70	101.3	
五氯苯	C_6HCl_5	93.8	105.9	119.2	130.6	138	153	170.2	185.8	196.3	217.1	240.9	261.7	276	85.5
六乙基苯	$C_{18}H_{30}$				135.3	143.5	160.2	178.9	195.3	206.3	230	256.9	280.9	298.3	130
六氯苯	C_6H_6	109	122.7	137.6	150.4	159.1	177.2	197	214.2	225.7	248	272.6	294.3	309.4	230
对甲氧基丙烯基苯	$C_{10}H_{12}O$	48.5	59	70.7	80.9	87.8	101.8	117.3	131.2	140.5	159.3	181.8	201.6	215	
甲氧基苯	C_7H_8O	1.8	11.1	21.6	30.8	36.9	49.7	63.9	76.5	85.2	103.3	124.4	142.8	155.5	−37.3
甲基异丙基苯	$C_{10}H_{14}$	13.3	23.6	34.9	44.7	51.4	64.8	79.8	93.3	102.6	121.9	143.8	163.4	177.2	−68.2
丙烯基苯	C_9H_{10}	13.6	23.6	34.9	44.6	51.3	65	80.4	94	103.4	122.6	144.8	164.8	179	−30.1
苯	C_6H_6	−39	−32.9	−25.6	−19.1	−15.1	−6.8	2.8	12.3	19.6	34.5	52.5	68.7	80.1	5.5
氟苯	C_6H_5F	−46.3	−38.7	−29.9	−22.2	−16.9	−6.3	5.6	16.4	23.8	39.2	57.5	73.6	84.7	−42.1
2-氟代甲苯	C_7H_7F	−27.3	−19.2	−9.8	−1.5	4.1	15.7	28.6	40.2	48.3	64.7	84.1	101.6	114	−80
3-氟代甲苯	C_7H_7F	−25.5	−17.3	−7.9	0.4	6.1	17.8	30.8	42.4	50.4	67	86.6	103.9	116	−110.8
4-氟代甲苯	C_7H_7F	−24.9	−16.7	−7.3	1	6.8	18.4	31.5	43.1	51.1	67.6	87.3	104.8	117	
1-羟基-2-甲基-5-烯丙基苯	C_8H_{10}	79.1	90.6	103.3	114.2	121.1	136	152.3	166.6	176.7	197	219.8	239.9	254	
4-甲氧基邻二甲基苯	C_8H_{10}	80.6	91.8	104.1	114.7	121.4	135.7	151.3	165.4	175.3	194.6	216.5	235.2	248	
联(二)苯	C_8H_{10}	65.8	78	91.3	102.8	110.5	126.6	144.3	160.5	171.5	193.4	218.4	240	254.9	69.5
硝基苯	$C_7H_{10}N_2$	40.3	50.8	62.4	72.4	79.2	92.8	108.1	121.9	131.5	151.4	175.1	196.1	210.6	5.7
邻硝基甲苯	$C_7H_6Cl_{12}$	45.6	56.8	69.3	80	87.5	102.5	118.8	133.4	143.2	163.5	187.2	207.9	222.3	−4.1
间硝基甲苯	$C_8H_8Cl_{12}$	45.5	57.7	70.6	82	89.6	105.3	122.7	138.1	148.3	169.6	195.3	217.2	231.9	15.5
对硝基甲苯	$C_8H_8Cl_{12}$	48.9	61.1	74.5	86	93.9	110.1	127.8	143.5	154	175.9	201.3	223.2	238.3	51.9
4-硝基-1,3-二甲苯	$C_8H_8Cl_{12}$	61.1	72.5	85.1	95.9	103.5	118.7	135.4	149.8	159.7	181.1	206.3	228.5	244	2
氯苯	$C_6H_4Cl_2$	−16.4	−7.6	2.5	11.3	17.2	29.4	43.1	55	63.2	80.6	101	119.2	132.2	−45.2
2-氯氧甲苯	$C_6H_4Cl_2$	1.7	11.3	22	31.4	37.8	50.7	65.1	78.1	86.9	105.6	127.4	146.3	159.3	

195

续表

名称	分子式	相应于上述蒸气压强(kPa)的温度/℃											熔点/℃
		0.1	0.2	0.4	0.7	1	2	4	7	10	20	40	70	101.3	
3-氯甲苯	$C_6H_4Cl_2$	1	10.7	21.6	31.1	37.7	51	65.9	79.3	88.4	107.2	129.6	149.1	162.3	
α-氯甲苯	$C_2H_3Cl_2F_3$	18.2	28	39	48.6	55.2	68.6	83.6	96.8	106	124.8	146.3	165.6	179.4	−39
4-氯甲苯	$C_{14}H_{20}Cl_2$	1.7	11.4	22.3	31.8	38.3	51.5	66.4	79.6	88.6	107.6	129.9	149.1	162.3	7.3
2-氯乙苯	$C_{14}H_{20}Cl_2$	13.4	23.2	34.2	43.8	50.5	63.9	79	92.5	101.8	120.8	142.6	162.8	177.6	−80.2
3-氯乙苯	$C_{18}H_{39}N$	14.6	24.8	36.2	46	52.6	66.3	81.9	95.7	105.2	124.4	146.7	166.8	181.1	−53.3
4-氯乙苯	$C_6H_4Br_2$	15.1	25.6	37.2	47.3	54.2	68.6	84.4	98.1	107.6	127.3	149.8	170	184.3	−62.6
1-氯-2-乙氧基苯	C_9H_{12}	41.8	52.1	63.6	73.7	80.6	94.8	110.4	124	133.4	152.6	175.2	194.8	208	
α,α,α-四氯甲苯	C_9H_{12}	63.9	76.8	90.8	102.8	111	127.9	146.4	163.1	174.8	197.5	222.1	245.1	262.1	28.7
2-氯,α,α,α-三氟甲苯	C_9H_{12}	−3.6	5.7	16.3	25.5	31.8	44.5	59	71.8	80.5	99	120.5	139.2	152.2	−6
邻氯甲苯	$C_{12}H_{18}$	86.4	94	102.7	111.5	124.2	143.9	161.5	177.6	188.1	209.2	233.3	253.7	267.5	34
对氯甲苯	$C_{12}H_{18}$	91.2	104.3	118.6	130.8	139.1	156	175	191.5	202.7	226.3	252.9	276.3	292.9	75.5
异氰化苯	$C_{11}H_{11}$	8.3	17.8	28.5	37.8	44.2	57.2	71.5	84.3	93.2	111.6	132.9	151.7	165	
2-异氰基甲苯	$C_{12}H_{18}$	21.4	31.2	42.2	51.8	58.4	71.8	86.8	100.2	109.5	128.5	150.2	169.7	183.5	
偶氮苯	$C_6H_3Cl_3$	98.5	111.1	124.9	136.7	144.7	160.8	179.2	195.4	206.4	229	254.8	277.3	293	68
碘苯	$C_6H_3Cl_3$	20.2	30.3	41.6	51.4	58.2	71.9	87.1	101	110.3	129.9	153.4	174.2	188.6	−28.5
2-碘甲苯	$C_6H_3Cl_3$	32.9	43.9	56.2	66.8	73.8	88.5	104.8	119.6	129.6	149.9	174.5	196.2	211	
(2-溴乙基)-苯		43.8	54.6	66.7	77.1	84.4	99	115.4	129.8	139.6	159.8	183.5	204.4	219	
对溴乙苯	C_8H_9Br	29	33	38.1	44.6	60.7	83	100.3	116.4	126.8	146.8	170.9	192	206	−45
溴苯	C_6H_5Br	−0.7	8.7	19.3	28.6	34.7	47.6	61.9	74.5	83.2	101.1	122.6	142.2	156.2	−30.7
2-溴甲苯	C_7H_7Br	20.7	30.3	41.1	50.5	56.9	69.8	84.2	96.5	104.7	123.6	147	167.5	181.8	−28
3-溴甲苯	C_7H_7Br	9.2	23.4	38.8	51.6	58.3	71.8	86.7	100.2	109.6	128.6	150.4	169.9	183.7	39.8
4-溴甲苯	C_7H_7Br	4.5	19.2	35.1	48.4	55.3	68.9	84.3	98.3	108	127.7	150.2	170.3	184.5	28.5

续表

名称	分子式	0.1	0.2	0.4	0.7	1	2	4	7	10	20	40	70	101.3	熔点/℃
		相应于上述蒸气压强(kPa)的温度/℃													
α-溴甲苯	C_7H_7Br	28.1	38.6	50.3	60.5	67.5	81.6	97.4	111.5	121.3	141.1	164.6	184.9	198.5	−4
4-溴联苯	$C_{12}H_9Br$	92.4	106.5	121.8	134.8	143.4	161.3	181.5	199.5	211.6	236.2	265	291.2	310	90.5
2-溴-1,4-二甲苯	C_8H_9Br	33.4	43.9	55.7	65.9	72.9	87.2	103.1	117.5	127.3	146.8	170.3	191.7	206.7	9.5
1,4-溴氯代苯	C_6H_4BrCl	27.9	38.4	50.2	60.3	67	81	96.6	110.7	120.1	139.6	162.5	182.7	196.9	

表 4　液态苯烃的蒸气压（$p \geq 101.3 \text{kPa}$）

名称	分子式	101.3	200	400	700	1000	1500	2000	2500	3000	3500	4000	5000	6000	临界值	
		相应于上述蒸气压强(kPa)的温度/℃													p_c/MPa	t_c/℃
苯	C_6H_6	80.1	103.7	132.5	159.4	178.1	203	220.7	236	248.6	260.7	271.3	289.3		5.08	290.5
甲苯	C_7H_8	110.6	136.4	167.3	195.6	215.1	242.2	261.6	278.2	291.8	305.7	317.8			4.21	320.6
乙苯	C_8H_{10}	136.2	163.4	196.2	225.6	245.6	273.6	293.6	311.1	325.5					3.86	346.4
氟苯	C_6H_5F	84.7	109.8	138.6	165.3	183.7	208.9	226.8	242.8	256.1	267.9	278.3			4.53	286.5
氯苯	C_6H_5Cl	132.2	160.1	193.5	223.8	244.5	272.2	291.9	309.2	323.4	336.9	348.7			4.52	359.2
碘苯	C_6H_5I	188.6	219.9	257.1	291.3	314.8	347.3	370.5	389.4	404.9	421.3	435.8			4.53	448
溴苯	C_6H_5Br	156.2	186.1	220.6	252.2	273.7	304.2	326	344	358.8	373.4	386.3			4.52	397
1-乙基萘	$C_{12}H_{12}$	65.2	77.4	90.8	102.4	110.2	126.3	143.9	159.6	170.6	193.4	219.4	242.2	258.1		−27
顺-十氢化萘	$C_{10}H_{18}$	18.4	29	40.7	51	58.2	72.8	89.4	103.9	114.1	135.2	159.4	180.2	194.6		−43.3
反-十氢化萘	$C_{10}H_{18}$	−5.6	6.6	20	31.7	40.1	57.3	76.6	93.7	105	126.2	149.7	171.2	186.7		−30.7
1,2,3,4-四氢化萘	$C_{10}H_{12}$	33.9	44.4	56	66.2	73.1	87.2	102.9	117.2	126.9	147.1	171.1	192.4	207.2		−31
2-异丙基萘	$C_{13}H_{14}$	71.1	83.5	97.2	108.9	116.8	132.8	150.6	166.8	178	200.8	226.9	250	266		
萘	$C_{10}H_8$	49.5	57.5	66.7	74.9	80.8	94.6	111.4	126.1	136.4	157.5	182.1	203.5	217.9		80.2
α-氯萘	$C_{10}H_7Cl$	77.1	86.2	96.5	105.7	112.7	127.3	144.8	161	171.6	193.3	219.3	242.7	259.3		−20
1-溴萘	$C_{10}H_7Br$	79.1	92.1	106.3	118.5	126.7	142.8	161.3	178.6	189.7	212.7	240	264.1	281.1		5.5